海南湿地植物的故事

The Story of Hainan Wetland Plants

何祖霞　严岳鸿　郑希龙

编著

中国林业出版社
China Forestry Publishing House

图书在版编目（CIP）数据

海南湿地植物的故事 / 何祖霞，严岳鸿，郑希龙编
著 . -- 北京：中国林业出版社，2024.1
　ISBN 978-7-5219-2375-9

　Ⅰ . ①海… Ⅱ . ①何… ②严… ③郑… Ⅲ . ①沼泽化
地 - 植物 - 海南 - 普及读物 Ⅳ . ① Q948.526.6-49

　中国国家版本馆 CIP 数据核字 (2023) 第 190000 号

策划编辑：邹爱
责任编辑：肖静　邹爱
封面设计：易莉
内文制作：易莉

出版发行：中国林业出版社
（100009，北京市西城区刘海胡同 7 号，电话 83223120）
电子邮箱：cfphzbs@163.com 网址：www.forestry.gov.cn/lycb.html
印刷：河北京平诚乾印刷有限公司
版次：2024 年 1 月第 1 版
印次：2024 年 1 月第 1 次
开本：710mm X1000mm 1/16
印张：14
字数：270 千字
定价：52.00 元

序 一

湿地具有重要的生态服务功能，健康的湿地生态系统对维护国家生态、粮食和水资源安全具有极其重要的作用。第二次全国湿地资源调查结果显示，中国湿地总面积5360多万公顷，占全球湿地面积的4%，湿地率5.58%。在中国境内，从温带到热带，从沿海到内陆，从平原到高原山区，都有湿地分布，这些类型多样的湿地承托着极为丰富的生命。湿地对维护生物多样性具有重要意义，被誉为"地球之肾"和"物种基因库"。许多湿地都拥有悠久的历史和文化背景，可以传承和弘扬传统文化。不同人文背景下产生的湿地文化，是人类精神层面对湿地的融合与超越。为体现人类对环境的责任与担当，应该以最大的努力保护和管理好弥足珍贵的湿地资源。

过去数十年间，中国大陆的各类型湿地植被及生物多样性被广泛报道，人们对中国大陆的湿地生物多样性有了初步认知，但对海南热带岛屿的特殊的湿地植物多样性缺少深入了解，知之甚少。

海南地处亚洲热带北缘，湿地类型多样，湿地植物丰富，具有"湿地博物馆"的美誉。除了大家熟悉的滨海湿地外，在海南北部还有一片面积较大的琼北火山群湿地，即羊山湿地，这是中国独有的热带火山群遗留的冷泉湿地、河口湿地与滨海湿地相互交汇的湿地类型。海南湿地植被有着独特的特点，千百年来丰富的生物多样性和独特的民俗文化在此和谐共处。

随着人们对海南湿地生物多样性的关注，鹦哥岭飞瀑草、道银川藻、水菜花、水角、水蕨、波缘薤菜、金银莲花、野生稻、红榄李、水椰等大量珍稀濒危植物在海南湿地中被发现，而在海口羊山火山岩湿地生境中还发现了一个新物种——邢氏水蕨。此外，海南有长达1944公里的海岸线，拥有最为丰富的红树林湿地植物多样性，中国有记录的全部红树林植物物种均可见于海南。

现有资料表明，我国湿地有高等植物2000余种。湿地植物或生于泥滩沼泽中，或沉于水下河流湖泊中，或漂浮于水面上，人们难以进行近距离观察。《海南湿地植物的故事》一书的面世，为公众打开了一个深入了解湿地植物的窗口。本书通过对海南不同湿地类型常见湿地植物的观察和研究，通过讲故事的形式，逐一讲述了这些湿地植物的名称来历、关键的识别特征和地理分布、独特的适应特点，以及它们的奇闻趣事和历史故事，让一个个海南湿地植物从高冷的植物志中走出，变成一个个鲜活的精灵，展现在读者的面前，生动而自然。我相信，本书的出版，对读者认识湿地植物、喜爱湿地植物、保护湿地植物并合理利用湿地植物，必将有莫大的推动作用。

以上，是为序。

马广仁

中国湿地保护协会副会长、秘书长

序 二

在美丽的海南，湿地是这片神奇土地上不可或缺的一部分。海南湿地植物种类繁多，生机勃勃，它们在自然生态的舞台上扮演着重要的角色，展现出独特的魅力。作者以细腻的笔触，将海南湿地植物的形态、特点、生长环境以及文化内涵展现得淋漓尽致。本书以灵动的语言、精巧的形容，将植物的形象跃然纸上，令人仿佛置身其中，将海南湿地植物的神秘面纱一一揭开，为广大读者展现海南湿地植物背后的故事，使之更加深入地了解这些湿地植物的魅力所在。本书不仅是介绍海南湿地植物的科普读物，更是一本展现海南湿地自然风貌和人文精神的文化读物，旨在让我们通过阅读更加热爱海南湿地这片神奇的土地。

海口作为全球首批国际湿地城市，拥有全国连片面积最大、种类最多的东寨港红树林、最美母亲河——美舍河等国家重要湿地，还有独具特色的热带火山熔岩湿地，湿地资源丰富、类型多样、人文底蕴丰厚，是海口生态体系中一颗璀璨的绿色明珠，同时也是海南湿地向世界展示生态文明建设成果的重要窗口。

近年来，海口以政府引导、规划管控、立法保护、加强宣教，鼓励全民参与到湿地保护管理中，运用多种"湿地＋"保护修复创新模式，推动湿地保护取得显著成效。本书中所写的邢氏水蕨，便是2019年在海口湿地发现的新物种。每年，海口红树林都会上演万鸟起舞，中国最美小鸟栗喉蜂虎、蓝喉蜂虎在海口湿地争相筑巢，其中，美舍河国家湿地公园仅2022年便新增植物记录44种、鸟类5种，生物多样性不断提升，呈现人与自然和谐共生新海口。未来，海口将持续推进湿地保护修复，牢固树立"绿水青山就是金山银山"的生态理念，让湿地成为人民群众共享的绿意空间，更好地服务于海南湿地保护建设。

湿地是一道独特的风景线，作为"地球之肾"为人类提供了丰富的生态服务和美丽景观。然而，随着人类活动和气候变化的影响，湿地的生态环境面临着艰难的挑战。因此，我们更需要加强对湿地的保护和管理，以维护这片美丽而独特的自然景观。很高兴受作者的邀请，为本书作序，愿我们通过这本书的内容，能够对丰富多姿的海南湿地植物有一定了解。湿地保护永远在路上，欢迎广大读者、科研学者加入湿地保护中！

海口市林业局局长、党组书记

前　言

　　1971 年 2 月 2 日，18 个国家的代表在伊朗海滨城市拉姆萨尔签署《关于特别是作为水禽栖息地的国际重要湿地公约》，简称《湿地公约》或《拉姆萨尔公约》，1982 年 3 月 12 日议定书修正。《湿地公约》现已有 172 个国家加入，我国于 1992 年加入。为提高公众的湿地保护意识，促进采取行动以可持续利用和修复湿地，从 1997 年起每年 2 月 2 日被定为世界湿地日。

　　根据《湿地公约》，湿地是指天然或人工、长久或暂时的沼泽地、泥炭地或水域地带，带有淡水、半咸水及咸水水体，包括低潮时水深不超过 6 米的水域。从沿海到内陆，从高山到平原，湿地无处不在。

　　湿地、森林和海洋并称为地球三大生态系统，是人类赖以生存和发展的资源宝库和环境条件，它不仅蕴藏着丰富的土地资源、生物资源、矿产资源、水资源和旅游资源，而且在涵养水源、净化水质、蓄洪抗旱、调节气候、保护生物多样性、储存碳等方面具有不可替代的重要作用，因此被誉为"地球之肾""物种基因库"和"生命的摇篮"。

　　随着全球气候变化的加剧，一些湿地遭到严重破坏，湿地面积逐渐萎缩，湿地生态环境每况愈下。在过去的 50 年里，世界上超过 35% 的湿地已经退化或丧失，而且这种丧失正在加速，许多湿地特有珍稀濒危植物日渐濒危。

　　我国湿地面积约有 5635 万公顷，截至目前，我国拥有国际重要湿地 82 处，总面积 764.7 万公顷，居世界第四位。2022 年 6 月，我国开始实施《中华人民共和国湿地保护法》，遵循着"保护优先、严格管理、系统治理、科学修复和合理利用"等五项原则，党中央、国务院就湿地保护进行了一系列部署决策，将湿地保护与修复作为创建人民幸福家园的民生工程，开展全面的湿地保护与修复工作。2022 年 10 月，《全国湿地保护规划（2022—2030 年）》提出，到 2025 年，全国湿地保有量总体稳定，湿地保护率达到 55%，科学修复退化湿地，提高湿地生态系统质量和稳定性。

2022 年 11 月 5 日，《湿地公约》第十四届缔约方大会在武汉开幕，会议倡导"我们要凝聚珍爱湿地全球共识，深怀对自然的敬畏之心，减少人类活动的干扰破坏，守住湿地生态安全边界，为子孙后代留下大美湿地；我们要推进湿地保护全球进程，加强原真性和完整性保护，把更多重要湿地纳入自然保护地，健全合作机制平台，扩大国际重要湿地规模；我们要增进湿地惠民全球福祉，发挥湿地功能，推进可持续发展，应对气候变化，保护生物多样性，给各国人民带来更多实惠。"

红树林是热带、亚热带潮间带珍贵的自然资源和独特的湿地生态系统，具有消浪护堤、净化海水、维持生物多样性、储存滨海蓝碳、丰富海岸景观等多种重要的生态功能，被誉为"海岸卫士"。2023 年 9 月 6 日，《湿地公约》常委会第 62 次会议审议通过了我国提交的关于在深圳建立"国际红树林中心"的区域动议提案，标志着我国正式成立"国际红树林中心"。这对全球的红树林保护修复、科学研究和可持续发展具有重大意义，充分体现了中国在参与全球治理、推进湿地保护全球行动中的大国担当。

海南岛地处热带，拥有海岸湿地、湖泊湿地、河流湿地和沼泽湿地、人工农田等多种湿地类型，总面积达 32 万公顷，拥有极其丰富的生物多样性，仅海口羊山湿地就拥有维管植物 830 余种，包括数十种珍稀濒危湿地植物。

2019—2022 年，深圳市兰科植物保护研究中心、上海辰山植物园、中国医学科学院药用植物研究所海南分所、中南林业科技大学、湖南农业大学、广东药科大学等单位共同完成了"海口湿地植物多样性调查及其保护生物学研究"项目。项目调查了海南海口湿地特殊的生态环境及水蕨、尖叶卤蕨、水角、野生稻、金银莲花、延药睡莲、海菜花、抱茎白点兰等珍稀濒危植物种群多样性，还重点对环境可塑性较强、难以通过形态性状鉴定的物种进行保护遗传学研究，发现了新种邢氏水蕨以及中国新记录种波缘水蓑，分析了海口湿地退化原因及外来入侵植物对本土植物的危害现状，为进一步保护湿地珍稀濒危植物和湿地植物恢复提供了科学依据。为让更多人了解海南湿地植物概况，特编写出版此书籍。

这是一本可供自然爱好者阅读的书籍，也可供全国自然教育工作者和大中院校教学参考。本书以海南湿地植物中70个不同植物类群为代表，从物种发现到命名、从形态观察到物种鉴别、从应用价值到文化内涵，较为全面阐述了海南湿地植物的故事。本书的文字不同于以往图谱式的介绍，而是重点介绍物种之间的联系及其背后的故事，尽量简化"冰冷"的物种形态描述，加上我们观察的身心感受，尽力将一个个鲜活的生命展现在读者面前。

该研究项目得到了深圳市兰科植物保护研究中心领导和海口市林业局领导的大力支持，并得到"海口湿地植物多样性调查及其保护生物学研究"项目的资金支持。

在海南湿地野外考察过程中，项目组成员得到了上海辰山植物园张锐博士、中南林业科技大学吴磊博士、湖南农业大学张玉平博士，以及深圳市兰科植物保护研究中心舒江平、孙维悦、魏作影、吴欣仪等科研人员的大力协助。在物种鉴定过程中，中国科学院华南植物园王瑞江研究员、上海辰山植物园田代科研究员、江西农业大学李波教授、中国科学院植物研究所张树仁副研究员、海口畓榃湿地研究所卢刚老师等对相关植物类群的鉴定进行了指导，深圳市兰科植物保护研究中心刘金刚博士、中国热带农业科学院热带作物品种资源研究所袁浪兴博士、上海辰山植物园陈彬博士、深圳仙湖植物园张力研究员、中国科学院植物研究所刘冰博士以及华南植物园周欣欣补充提供了部分照片，在此一并诚挚感谢。

感谢所有关心和支持海南湿地环境及植物保护工作的科技工作者！让我们共同努力，谱写全球湿地保护新篇章。

目 录

第一篇
海南湿地概况

海南岛地处北纬 18°10′～20°10′，东经 108°37′～111°03′，总面积 3.39 万平方千米，是国内仅次于台湾岛的第二大岛。岛屿轮廓形似一个椭圆形大雪梨。北临琼州海峡，与广东隔海相望；西临北部湾，与越南隔海相望；东南和南部面临南海，与菲律宾、文莱、印度尼西亚和马来西亚为邻。长轴呈东北至西南向，长约 290 千米，西北至东南宽约 180 千米，海岸线总长 1944 公里，有大小港湾 68 个。

湿地一般指暂时或长期覆盖水深不超过 2 米的低地、土壤充水较多的草甸，以及低潮时水深不过 6 米的沿海地区，包括各种咸水和淡水沼泽地、湿草地、湖泊、河流以及洪泛平原、河口三角洲、泥炭地、湖海滩涂、河边洼地或漫滩等。

海南岛地处热带，拥有海岸湿地、湖泊湿地、河流湿地、沼泽湿地和人工湿地等多种湿地类型，总面积达 32 万公顷，具有类型多、面积大、生物多样性丰富等特点，具有"湿地博物馆"的美誉。其中，滨海湿地是海南湿地的主要组成部分，占全省湿地总面积的 46%。海南湿地以自然湿地为主，面积达 24.20 万公顷，占湿地总面积的 75.63%。

此外，海南还有 7 个重要的湿地公园，为海口五源河国家湿地公园、美舍河凤翔湿地公园、三亚河国家湿地公园、昌江海尾国家湿地公园、

陵水红树林国家湿地公园、南丽湖国家湿地公园等，共同构成了海南湿地生态景观系统网络体系。这些湿地公园各有特色，植物物种丰富，也成了野生动物栖息的主要生境，承载着重要的生态功能。

湿地具有调节气候、涵养水源、保护生物多样性和维持区域生态平衡等多种功能，生态价值巨大，且关系着一个区域经济社会的发展。值得一提的是，地处热带海滨区域的海口羊山湿地是我国最为典型的热带火山熔岩湿地。火山熔岩台地所涵养的丰富地下水以泉水的形式流出，良好的水热条件使得这里的湿地具有更为丰富的物种多样性和生态景观。因此，在热带火山熔岩上发育而来的海口森林和湿地成为我国独特的资源，在森林恢复中有着特殊的意义，具有很高的保育价值。

随着全球气候变化的加剧，一些湿地遭到严重破坏，湿地面积逐渐萎缩，湿地生境每况愈下，众多的湿地特有珍稀濒危植物面临严峻的生存压力，尚未被清楚认识就已濒临灭绝。

近年来，众多研究表明水生植物因水生生境的稳定性和植物扩散受限制，常在不同地区形成形态差异较小、遗传分化较大的隐性物种。因此，需要对湿地珍稀植物开展保护生物学研究。

第二篇
海南湿地植物多样性

　　海南热带季风气候和充沛的水热资源孕育了极其丰富的湿地植物多样性。根据《中国湿地资源总卷》，湿地植物是指"在深水（水深2米左右）、浅水、或过湿的土壤生境中生长，具有与其生境相适应的形态结构和功能，正常完成其生活史的植物"。

　　海南岛3.39万平方千米的土地上，河流、湖泊、沼泽星罗棋布，多样化的湿地类型和洁净的水源孕育了丰富多彩的湿地植物。多种多样的湿地植物为海南带来了生机与活力，成为绿色生命之肺，还拥有了丰富多样的自然景观，成为人们喜爱的旅游胜地。

　　按照植物生活型来划分，湿地植物常被分为半湿生植物、湿生植物、两栖植物、浮叶植物、漂浮植物、沉水植物、挺水植物等多种类型。但这些概念的划分并不是绝对的，自然界中总有例外。比如被划归为沉水植物的眼子菜，同时具有沉水叶和浮水叶两种形态，而水菜花的浮水叶在浅水处会挺出水面，因此水菜花又可称作挺水植物。

　　本书根据海南湿地植物的多样性特点，分别从沉水植物（包括淡水生和海水生）、挺水植物、浮水植物（包括浮叶型和漂浮型）、湿生植物、红树林植物、海滨伴生植物、外来入侵湿地植物等7个方面，选取了其中典型代表类群进行解读。

　　下面就走进海南湿地，一起来近距离地了解它们吧！

第一节
沉水植物

沉水植物是一类扎根水底，能在水体中长期生长并繁衍的植物。从不开花的真核藻类、迷你的苔藓、维管束开始分化的蕨类到开花的被子植物，来自不同类群的部分植物在长期的适应性进化过程中选择了回归水体的"怀抱"。

这些植物通过趋同进化，产生了一系列的适应性特征，如植物体沉入水中，各部分都能吸收水中的养分，叶片多狭长，呈条带形，无栅栏组织和海绵组织的分化，细胞间隙大，无气孔，通气组织十分发达，机械组织不发达，而且大多数开花植物的花都很小，花期短暂等等。

海南江河湖泊、山谷溪流、滨海浅海等水体中的沉水植物种类十分丰富，由于沉水植物常常整个植株沉入水中，增加了野外考察的难度。这里重点选择了一些代表性类群进行介绍。

海南淡水水体常见的沉水植物主要有川苔草科的飞瀑草和川藻、小二仙草科的狐尾藻、眼子菜科的眼子菜、水蕹科的波缘水蕹、狸藻科的黄花狸藻等；海水沉水植物主要来自海神草科、川蔓藻科、丝粉藻科等。水鳖科中苦草、茨藻、水菜花等为淡水沉水植物，喜盐草、海菖蒲、泰来藻等则为海水沉水植物。

水下弱光是植物生长发育的限制性因子，因此沉水植物几乎所有的细胞均能进行光合作用以适应水体中的弱光环境，但水体清澈、水质良好的环境更适合植物的生长。比如水菜花等植物只能生长在水质良好、无污染、无富营养化的河流中，也因此成了水质监测的指示植物。

多种多样的沉水植物不仅为其他水体动物提供栖息场所，为水中鱼虾类等动物提供食物来源，给水体带来了生命和活力，而且能吸收水中过量的氮和磷以及其他有害物质，对净化水体、改善水质起到了不可替代的生态作用，使水体成为绿色生命之水，助力湿地"地球之肾"的美誉。

飞瀑岩上的奇草——飞瀑草

"飞流直下三千尺，疑是银河落九天。"飞流而下的瀑布和湍急河流形成的强大冲击力，常常会将岩石冲刷得圆润而光滑，寸草不生。然而就有这么一类植物，凭借着顽强的生命力经受住了考验，在逆境中蓬勃生长，甚至绽放出了花朵。它们就是挺立于激流中的岩生草——飞瀑草。

2015年，在海南鹦哥岭国家级自然保护区道银村山谷溪流中的岩石上，先后发现了2种相伴生长的奇特植物。它们的根扁平带状，紧紧贴生在岩石上，形似叶状体，茎极短，乍一看很像苔藓，但开出了芝麻大小的迷你小花，结出能开裂的球形果实。仔细观察，这两种植物形态又微有不同。初步判断，它们分别隶属于川苔草科飞瀑草属（*Cladopus*）和川藻属（*Terniopsis*）的不同物种。

川苔草科的学名是基于川苔草属（*Podostemum*）来命名，该属在中国没有野生分布，《中国植物志》等文献一直以来将有分布的 *Cladopus* 称为川苔草属或飞瀑草属，为避免中文名上的混乱，我们沿用飞瀑草属这一中文名。飞瀑草属属名"*Cladopus*"来自希腊语"klados"（枝）+"pous"（足），意指其扁平的根状茎上具舌状分枝。

飞瀑草属全世界有10种，主要分布在亚洲东南部和澳洲北部。飞瀑草，顾名思义生长在飞瀑下的岩石上，更常见于水流湍急的河溪岩石上。这是一类特殊的多年生沉水小草本，形体十分迷你，其根扁平，绿色，贴生于岩石表面，多分枝，交织成网状，紧紧吸附在岩石上，形似叶状体苔类植物，故又称为川苔草。植物体干燥时会变灰白色。根部的结节上生出极短的营养枝，上面密生着线形且扁平的叶片。秋冬季节，结节上生出能育枝，叶鳞片状且覆瓦状排列，2裂成指状。花葶不及1厘米，花单朵顶生，两性，两侧对称，开花前藏于佛焰苞内，花瓣和花萼退化，蒴果近球形，2裂，较大的1枚裂片宿存。

那么，海南鹦哥岭发现的飞瀑草到底是哪一物种呢？科研人员经过仔细比对和研究，海南鹦哥岭发现的飞瀑草在形态上与飞瀑草（*C. doianus*）关系最近，但其带

道
银
川
藻

状根更宽，覆瓦状排列的苞片数量更多，柱头加宽且呈三棱形，形态明显不同，因此被命名为新种——鹦哥岭飞瀑草（*C. yinggelingensis*），已于 2016 年公开发表，中文名又称为鹦哥岭川苔草。其拉丁学名种加词"*yinggelingensis*"意为"来自鹦哥岭的"，是指该种在鹦哥岭发现并命名。

根据《中国生物物种名录》（2023 版），目前我国飞瀑草属有记录 5 种，分别为福建飞瀑草（*C. fukienensis*）、华南飞瀑草（*C. austrosinensis*）、飞瀑草（*C. nymanii*）、川苔草（*C. doianus*）以及鹦哥岭飞瀑草。也有学者提出，我国海南和香港曾经有分布记录的飞瀑草（*C. nymanii*）可能有误。因此，海南目前有记录 2 种飞瀑草（华南飞瀑草和鹦哥岭飞瀑草）。

此外，与鹦哥岭飞瀑草混生在一起的还有一个特殊的种类，形态似川藻。川藻属（*Terniopsis*）也隶属于川苔草科，其拉丁属名来自希腊语，由"terni"（三）＋"opsis"（模样）组成，意指其蒴果 3 瓣裂。

在海南鹦哥岭发现的川藻与泰国的 *T. ubonensis* 较为相似，但是植株大小和花部形态明显不同，经综合形态比对和系统发育研究，确定为新种并公开命名发表——道银川藻（*T. daoyinensis*），种加词意为"来自道银的"。

道银川藻的根匍匐状，具分枝，依赖根毛紧贴在岩石上。有明显的茎，茎上叶排成三列，两种形态，长枝上的叶片分离，短枝上叶覆瓦状排列。花枝非常短，花单生，花被裂片 3，薄膜质，柱头相对较长（1 毫米），且明显 3 裂，蒴果倒卵球形，具 5~10 毫米长的柄，深棕色，形如火柴头，熟后 3 瓣裂。花果期 3~4 月。道银川藻的生境与鹦哥岭飞瀑草相似，都只生长在鹦哥岭道银村的山谷溪流中的岩石上，而且多混生在一起。

川藻属全世界有 14 种，我国有 3 种，分别为川藻（*T. sessilis*）、永泰川藻（*T. yongtaiensis*）和道银川藻，均为我国特有种，前 2 种仅见于为我国福建，而道银川藻仅见于我国海南。

如前所述，飞瀑草属和川藻属都属于川苔草科，该家族全世界共有 49 属 280 多种，身材都十分矮小，堪称植物界的"小矮人"，多生长在河溪激流中的石头或木

● 鹦哥岭飞瀑草

植物档案

鹦哥岭飞瀑草，学名 *Cladopus yinggelingensis*，隶属于川苔草科、飞瀑草属，多年生沉水小草本，带状根扁平，绿色，紧紧吸附在岩石表面，多分枝，营养枝极短，叶片扁平线形，能育枝上的叶鳞片状，2 裂成指状；苞片覆瓦状排列，花单朵顶生，两性，两侧对称，花瓣和花萼退化，柱头加宽且呈三棱形，蒴果近球形，2 裂。

桩上，沉入水中，仅在秋冬旱季水位下降时才露出，迅速开花结果，且利用雌蕊和雄蕊的先后成熟来促进异花授粉，完成繁衍后代的使命，很难被人发现。

"苔花如米小，也学牡丹开。"清朝诗人袁枚曾经这样赞美苔藓，然而苔藓为孢子植物，并不开花。而川苔草科植物为开花的被子植物，它们在急流中牢牢抓住岩石，不断拼搏，几经沉浮，终于在早春开出比米粒还要细小、但像牡丹一样灿烂绽放的花朵，诗人给予再多的赞美都不为过。

我国的川苔草科除了飞瀑草属和川藻属外，还有仅分布在云南的水石衣属（*Hydrobryum*）2 种和福建的叉瀑草属（*Polypleurum*）1 种，因此共有 4 属 11 种。因植株迷你、花部结构简单、形态奇葩，而且只生长在水质干净的急流河溪中，对生境要求较高，种群数量十分稀少，一直受到人们的关注。

2021 年 9 月公布的《国家重点保护野生植物名录》中明确规定，川苔草科飞瀑草属（*Cladopus*）所有种、川藻属所有种（*Terniopsis*）以及云南特有的水石衣（*Hydrobryum griffithii*）都被列为我国二级重点保护野生植物。因此，海南目前有记录的华南飞瀑草、鹦哥岭飞瀑草、道银川藻等 2 属 3 种属于我国二级重点保护野生植物，因这些植物生境极其特殊，人工难引种繁殖，建议就地保护，禁止采挖。

此藻非彼藻——狐尾藻

● 粉绿狐尾藻

正如前面所介绍的川藻，水生植物中有许多植物的中文名中含有"藻"字，很容易让人与不开花结果的藻类植物相混淆，其实此"藻"非彼"藻"，他们之间有着本质的区别，本书中含有"藻"的植物均为能开花结果的高等植物。海南有分布的狐尾藻属（*Myriophyllum*）植物便是其中的典型代表。

狐尾藻属隶属于小二仙草科，为多年生沉水或半湿生的草本，其根系十分发达，在水底泥中蔓生，叶片像一片片小羽毛，因植株形态似狐尾而得名狐尾藻。其拉丁属名"*Myriophyllum*"来自希腊语，由"myrios"（巨万数的）+"phyllon"（叶）组成，指该属植物的叶片多而深裂，似数不尽的叶片生长在茎上。每到开花时节，狐尾藻的无数迷你小花便伸出水面，花单生叶腋或形成穗状花序，为单性或两性，花瓣早落或缺失，果实成熟后4瓣裂。

狐尾藻属为世界广布属，全世界有记录71种，我国有记录12种，其中乌苏里狐尾藻（*M. ussuriense*）为国家二级重点保护野生植物。海南有记录3种，分别为狐尾藻（*M. verticillatum*）、穗状狐尾藻（*M. spicatum*）以及四蕊狐尾藻（*M. tetrandrum*）。

狐尾藻为狐尾藻属的模式种，其种加词由拉丁文"verticillatus"（轮生的）变化而来，是指其叶片轮生，因此，又称为轮叶狐尾藻或轮生狐尾藻。植株十分粗壮，茎圆

穗状狐尾藻 ●

柱形，中部以上多分枝。叶片呈现两种形态，沉水叶常4枚轮生，丝状全裂，无叶柄；挺水叶常互生，披针形，比沉水叶宽大。花单性，生挺水叶叶腋内，上部为雄花，下部为雌花，雄花的雄蕊8枚，每轮具4朵花，花无柄，比叶片短。秋季于叶腋中生出棍棒状冬芽而越冬。狐尾藻为世界广布种，中国南北各地池塘、河沟、沼泽中常有生长，常与穗状狐尾藻混在一起。

穗状狐尾藻，别名金鱼藻、聚藻、泥茜等。种加词来自拉丁文"spicatus"（具穗状花序的），意指植物具穗状花序，这也是穗状狐尾藻区别于同属其他物种的典型特征。其茎的分枝极多，叶常5片轮生，丝状全细裂，细线形，相对较长；穗状花序挺出水面，花单生于苞片状叶腋内，常4朵轮生。有时为单性花，上部为雄花，雄蕊8枚，下部为雌花，雌花花瓣缺，中部有时为两性花。

15

穗状狐尾藻为欧亚大陆广布种，在我国南北广布，特别
是在含钙的水域中更较常见。穗状狐尾藻的繁殖能力极
强，只要摘取其中的一段茎叶，插入水中即可生根成
活，因此，常常通过断裂的枝条或根状茎进行快速无
性繁殖，成为其种群扩大繁殖的主要途径。穗状狐
尾藻属喜光植物，在水体中的适应能力也很强，对
水质要求不严，在各种水体中均能生长良好，常常在
水体中形成优势种群，阻碍其他水生植物的生长，成
为北美淡水水体入侵的恶性杂草。

● 四蕊狐尾藻

如果说狐尾藻和穗状狐尾藻是遍布我国大江南北
的"普货"，四蕊狐尾藻则称得上少见的珍品。四蕊狐尾
藻尽管在印度、越南也有野生分布，但在我国仅原生于海南
三亚市和乐东市。

四蕊狐尾藻的种加词来自拉丁文"tetrandrus"（四雄蕊的），意指植物具 4 枚
雄蕊。

● 人工栽种的狐尾藻

穗状狐尾藻

四蕊狐尾藻也为多年生沉水草本植物，茎可长达2米，但分枝较少，花果期茎顶部会伸出水面。叶通常5片轮生，挺水叶较小，呈苞片状，沉水叶较大，羽状深裂。花单性，单生于叶腋，具短梗，5朵轮生，雌雄同株，上部为雄花，下部为雌花，雄花的雄蕊4枚，有别于狐尾藻和穗状狐尾藻的8枚雄蕊。花果期3~10月。

狐尾藻类植物全草可入药，具有清凉解毒和止痢功效。其茎叶富含蛋白、氨基酸和矿物元素等，营养丰富，粗纤维含量达36.9%，茎叶磨细后拌上一定比例的玉米粉，可制成鸡、鸭、猪、牛、鱼等喜爱的饲料。夏季生长旺盛，冬季生长慢，能耐低温，一年四季可采。

更值得一提的是，狐尾藻类植物不仅能吸收水体中的氮和磷，对于富营养化水体净化有很好的效果，还常用于人工水体绿化和室内水箱、生态缸的造景，具有重要的观赏价值。

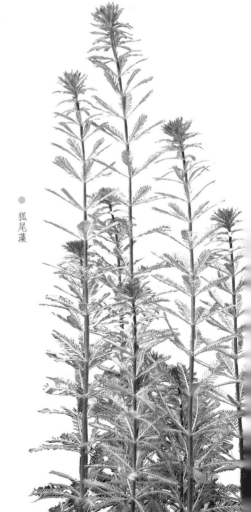

狐尾藻

植物档案

狐尾藻属，学名 *Myriophyllum*，隶属于小二仙草科，为多年生粗壮沉水草本，根系发达，在水底泥中蔓生，茎常分枝，叶片深裂，花单生叶腋或成穗状花序，花细小，多为单性，雌雄同株，上部雄花，下部雌花，果实成熟后4瓣裂。

水囊饭袋——黄花狸藻

狸藻是一类属于狸藻科的水生或湿生草本，更是一种奇特的食虫植物，其捕虫器官生于叶裂片上，为囊状，小而透明，称之为捕虫囊。别看这些个小小的"水囊"，在捕食时起着很大的作用。囊口部具有特殊的膜瓣构造，能利用静水压力，使捕虫囊内处于"负压"状态，一旦有水生小生物游过并碰触囊口的纤毛，捕虫囊就会瞬间释放负压，囊口打开，如同吸尘器一样，将小生物和水流一起吸入。然后口部立刻闭合，进行消化和吸收，动作非常迅速，完成一次捕食仅需要 0.01 秒。据统计，一株狸藻有约上千个囊，其中真正具有捕虫功能的只是其中的极小一部分，而就是这些个不起眼的捕虫囊，成为了狸藻名副其实的"水囊饭袋"。

● 黄花狸藻

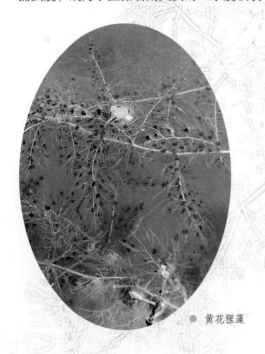

● 黄花狸藻

狸藻属（*Utricularia*）是由植物分类学家林奈于 1753 年正式命名，其属名来自拉丁文"utriculus"（小囊），意指叶片具囊。从生境上常分为水生类群和陆生类群，均无真正的根和叶，其茎枝变态为匍匐枝、假根或叶器。水生种类的叶器常多回分裂，顶端及边缘常具细刚毛，开花时宿存，捕虫囊生叶裂片上，这类植物常被称为狸藻；而沼生或附生类群的叶器多为线形，边全缘，无毛，捕虫囊生于匍匐枝和叶器上，这类植物多被称为挖耳草。

该属为世界广布属,全世界有220余种,以热带地区分布为主,花色多为淡紫色或黄色系。我国有25种,其中4种为中国特有种,海南有7种。生于水中或沼泽地,由于形体较小,狸藻属植物在海南湿地很难被发现。

以黄花狸藻为例,尽管文献记载海南有分布,但无数次努力寻它未果,便也不去想它了。没承想,那日在保亭县甘什岭省级自然保护区里的短暂停留,竟然在水塘边惊喜地发现了黄花狸藻这个藏身水中的杀手。水塘的水质清澈透明,碧波荡漾中,我第一次近距离地观察了它们。

黄花狸藻为典型的水生植物,植株可长达1米,匍匐状多分枝,叶片互生,深裂,裂片再又多回羽状深裂,末回裂片毛发状。黑芝麻大小的捕虫囊清晰可见,均匀地附着在叶片裂片上,捕虫囊卵球形,个个圆润饱满,想必已经"虫足饭饱"了吧。

黄花狸藻的学名种加词"aurea"来自拉丁"aureus",意为"金黄色的",是指其花冠呈金黄色,因此,它被称为黄花狸藻。开花时,其总状花序直立,伸出水面,花冠金黄色,黄花狸藻又被称为"水上一枝黄花"。花冠有上唇和下唇之分,上唇宽卵形,下唇椭圆形,距圆锥状。《中国植物志》中记载黄花狸藻的花期为6~11月,但在2月的海南我们见到了其零星的花朵。

黄花狸藻不仅仅分布于海南,在我国华东、华中、华南以及西南的湖泊、池塘和稻田中也有记录,还见于东南亚和澳大利亚。

黄花狸藻

海南堪称湿地的天堂，无处不在的湿地让我们的考察变得十分忙碌。那日已临近黄昏，根据朋友对猪笼草分布的精准定位，我们来到了海南文山昌洒镇昌图村，找到野生猪笼草之余，还快速地"扫"了一遍周边的稻田湿地，也因此与一种名叫挖耳草（*Utricularia bifida*）的狸藻不期而遇。

挖耳草为陆生湿地小草本，生长在沼泽地，茎枝匍匐，丝状分枝，变态而来的叶器狭线形，宽约1毫米。捕虫囊侧生于叶器及匍匐枝上，扁球形，长不到1毫米，十分迷你，极难观察到。我们见到的挖耳草正在开花，无数总状花序从植株中挺立而出，高达5厘米，中上部疏生花朵，粉红色的花萼和金黄色的花冠在低矮的绿叶丛中十分显眼。花萼2裂达基部，因2枚花萼裂片形似挖耳，故名挖耳草或耳挖草，又因花朵金黄，被称为金耳挖。

● 挖耳草

根据资料记载，挖耳草广布我国长江以南中低海拔湿地，南亚和澳大利亚也有分布。除了我们野外考察时看到的黄花狸藻和挖耳草外，海南还有记载南方狸藻（*U. australis* 水生，花黄色）、海南挖耳草（*U. foveolata* 陆生，花冠淡蓝色或淡紫色）、短梗挖耳草（*U. caerulea* 沼泽地生，花淡紫色）、少花狸藻（*U. gibba* 半固着，花黄色）、长梗狸藻（*U. limosa* 陆生）、圆叶挖耳草（*U. striatula* 沼泽地生，花冠白、粉红或淡紫色）、齿萼挖耳草（*U. uliginosa*，水生，花淡紫色）等 7 种。

狸藻属植物隐藏于水体中，或形体细小与其他沼泽草本植物混生，要想寻找它们的身影还需要更多的时间和耐心，我们也很期待在海南湿地与它们有更多的相遇。

圆叶挖耳草

植物档案

黄花狸藻，学名 *Utricularia aurea*，隶属于狸藻科狸藻属，多年生沉水草本，茎枝变态为匍匐枝和叶器，叶器互生，多回深裂达基部，裂片上面侧生数个捕虫囊，捕虫囊卵球形，口侧生。总状花序直立，伸出水面，花冠黄色，蒴果球形。

沉浮两型叶——眼子菜

眼子菜

眼子菜属（*Potamogeton*）为单子叶植物，隶属于眼子菜科。为淡水生草本，拉丁属名来源于希腊语"potamos"（河）+"geiton"（邻近），意指本属植物生长在近岸的水边。该属植株全部沉入水中，多具匍匐横走的根状茎，叶片互生，多为沉水叶，有的种类具二型叶，即分化出与沉水叶形态不同的具长梗的浮水叶。花序梗稍膨大，花期漂浮于水面或者伸出水面，依靠水媒或风媒传粉。

● 眼子菜

眼子菜属全世界有90种，我国有20种，海南有记录八蕊眼子菜（*P. octandrus*）、眼子菜（*P. distinctus*）、小眼子菜（*P. pusillus*）和菹（zū）草（*P. crispus*）等4种，其中眼子菜和八蕊眼子菜的叶片有沉水叶和浮水叶之分，而小眼子菜和菹草只有沉水叶一种形态。

眼子菜的根状茎顶端常有休眠芽，茎多不分枝，叶互生，有两种类型，其中沉水叶为披针形，浮水叶卵状披针形。穗状花序顶生，具多轮两性小花，花被片4枚，淡绿色，雌蕊2枚，雄蕊4枚，几无花丝。开花前植株全部沉入水中，花期伸出水面，风媒传粉，花后沉入水中结果。学名种加词"*distinctus*"意为"分离的"，意指其4枚雄蕊分离。

八蕊眼子菜别称南方眼子菜，八蕊眼子菜无明显的根状茎，茎细丝状，具分枝，沉水叶线形，叶宽不过2毫米，浮水叶椭圆形，明显小于该属的模式种浮叶眼子菜（*P. natans*），故又被称为小浮叶眼子菜。八蕊眼子菜的穗状花序顶生，开花时也伸出水面，风媒传粉，花序梗比茎略粗，花序密生4轮小花。花被片绿色，4枚离生雄蕊的花药室背开裂，看似8枚雄蕊，因此得名八蕊眼子菜。1816年，八蕊眼子菜命名发表时，其

● 菹草

学名种加词"octandrus"是由拉丁文"oct"（八）+"andrus"（雄蕊）组成，意指其花具8枚雄蕊，故此命名。果实倒卵形，具三条背脊，背脊钝，因此，又被称为三脊眼子菜或钝脊眼子菜。

与八蕊眼子菜不同的是，小眼子菜为一年生，植物明显细小，只有沉水叶，叶片线形，叶宽仅1毫米，呈细丝状，故又被称为丝藻、线叶眼子菜。

菹草，又名虾藻，与小眼子菜一样，也为典型的多年生沉水植物，全部为沉水叶，但叶片明显宽得多，0.5~1厘米，无叶柄，叶缘具细锯齿，呈浅波状，因此，其拉丁种加词"crispus"意为"皱波状的"，即是指其叶片呈波状。主要生于淡水池塘、水沟、水稻田、灌渠及缓流河水中。我国一些地区选其为囤水田养鱼的草种，为草食性鱼类的良好天然饵料。

这几种眼子菜属植物除了海南有分布外，在我国南北各地区多有分布，生于池塘、水田和水沟等静水中。

植物档案

眼子菜，学名 *Potamogeton distinctus*，隶属于眼子菜科、眼子菜属，多年生沉水草本，根茎发达，白色，多分枝。叶两型，沉水叶披针形，草质，具柄，常早；浮水叶卵状披针形，长2~10厘米，宽1~4厘米，草质。穗状花序顶生，伸出水面，密生多轮小花，花被片4，绿色，雌蕊2，雄蕊4；果实宽倒卵形，背部明显3锐脊。花果期5~10月。

菹草穗状花序 ●

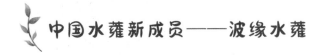

中国水蕹新成员——波缘水蕹

海南的浅水塘、溪沟及蓄水稻田中，还可见到一类被称为水蕹（wèng）的多年生沉水植物，它们隶属于水蕹科水蕹属。

水蕹属（*Aponogeton*）为水蕹科下的唯一属，全世界约有 57 种，分布于亚洲南部、非洲和大洋洲。拉丁属名来自希腊语"apon"（水）+"geton"（邻）组成，意指该属植物生于水边。我国有水蕹 (*A. lakhonensis*) 和波缘水蕹 (*A. undulates*) 2 种，后者为 2019 年在海南发现的中国新记录种，在我国仅见于海南。

水蕹为水蕹属的模式种，别名田干菜或田旱草，学名种加词来自拉丁文 "lakhon-ensis"，意为"拉科的"。拉科为越南地方名，用地方来记录其产地。

看到水蕹的第一眼，我想到了眼子菜。水蕹浮于水面的叶片呈狭卵形至披针形，叶边全缘且平展，具有长长的叶柄，基部呈鞘状，与眼子菜有几分形似。但明显不同于眼子菜的两型叶，水蕹的叶片为基生，沉水叶和浮水叶都为同一形态，只是叶柄长短不同而已。

水蕹的根状茎卵球形，有乳汁，长达 2 厘米。夏秋开花时期，顶生出长达 20 余厘米的花葶，将穗状花序从水面高高挺出，花序长约 5 厘米，单一不分枝，外面的佛焰苞早落，小花两性，没有花梗，花被片 2 枚，黄色，雄蕊 6 枚，花粉借助风媒进行传粉，授粉成功后形成革质的蓇葖果。水蕹由于姿态优美，多数种类作为观赏水草被广泛栽培于水族馆或鱼缸中。

2019 年 11 月，科研人员考察海南湿地植物时，在定安县龙门镇岭架村附近的淡水河中发现一个新的水蕹属沉水植物居群。其生长习性与水蕹相似，也具有卵球形的根状茎和草质的披针形叶片，且叶片上具有平行脉和较多的次级横脉。但本种叶片边缘明显波状，基部多为楔形。经过细致的形态学和分子系统学的综合研究，确认为中国水蕹属新记录种——波缘水蕹。

波缘水蕹在海南的发现刷新了该种在世界最北的分布记录。野外考察发现，波

波缘水蕹

缘水蕹的植株体上有一些无性繁殖体。该种野外极少开花，种群扩散主要靠营养繁殖。

波缘水蕹在海南生长于水质良好的淡水河流中，海拔约70米。常见伴生植物有水菜花（*Ottelia cordata*）、水毛花（*Schoenoplectus mucronatus*）、毛蕨（*Cyclosorus interruptus*）和邢氏水蕨(*Ceratopteris shingii*) 等。海南分布着大量的湿地区域，随着调查的深入，应会有更多的分布点被发现。

湿地被称为"地球之肾"，具有调节气候、涵养水源、保护生物多样性和维持区域生态平衡等多种功能，生态价值巨大，且关系着一个区域经济社会的发展。随着人类活动的影响，一些湿地遭到严重破坏，湿地面积逐渐萎缩，生境每况愈下。目前，波缘水蕹所在湿地已经出现大量的凤眼莲（*Eichhornia crassipes*）、大藻（*Pistia stratiotes*）等外来入侵植株，如果不及时控制或清理，包括波缘水蕹在内的其他本土水生植物的生存将受到严重威胁。

植物档案

波缘水蕹，学名 *Aponogeton undulates*，隶属于水蕹科水蕹属，为多年生水生草本，根状茎卵球形，叶基生，具长柄，披针形，草质，具长柄，叶片边缘波状，基部多为楔形。穗状花序，花期挺出水面，具佛焰苞，花两性，花被片和雄蕊宿存，菁葖果。

波缘水蕹

淡水面条菜——苦草

古代文献多有"苦草"记载，比如宋代陈师道《后山谈丛》卷二："谚曰：甘草先生则麦熟，苦草先生则禾不熟。甘草，荠；苦草，黄蒿也。"《本草纲目》水草类载苦草云："生湖泽中，长二三尺，状如茅蒲之类，主治白带。又主好嗜干茶面黄二种病。"不同时代不同地域，常有不同植物被称作苦草。

● 苦草

以苦为名，沉水而生。这里的苦草是我国常见的一类多年生沉水植物，隶属于水鳖科苦草属（*Vallisneria*）。

苦草属的学名是为了纪念意大利植物学家瓦利斯内里（*Antonio Vallisneri*，1661—1730 年）。苦草属我国仅4 种，其中苦草（*V. natans*）在海南有野生分布。

苦草的根状茎光滑，粗壮，白色，先端芽稍膨大。叶基生，带形，全缘，无叶柄和鞘，又名"裙带草""鞭子草"或"扁担草"。其学名种加词来自拉丁文"natans"，意为"漂浮的"，意指其叶片柔软，随水流而浮动。

苦草的花为单性花，雌雄异株。雄佛焰苞内含雄花极多，成熟的雄花浮在水面开放，两枚花萼成舟形浮于水上，中间一枚小而直立，向上伸展似帆。雌佛焰苞筒状，先端 2 裂，绿色或暗紫红色，内含 1 朵雌花，单生于佛焰苞内，花萼绿紫色，瓣极小，白色，与萼片互生；花柱 3，先端 2 裂，退化雄蕊 3 枚，子房下位，圆柱形。苦草的雌花浮水开放，花梗长 30~50 厘米，受精后花梗呈螺旋状卷曲，如同富于弹性的方便面一般，将雌花拉入水

● 苦草

● 小茨藻

● 小茨藻

植物档案

　　苦草，学名 *Vallisneria natans*，隶属于水鳖科苦草属，为多年生沉水草本。根状茎光滑，粗壮，叶基生，带形，边全缘，无叶柄和鞘。花单性，雌雄异株；雄佛焰苞卵状圆锥形，雄花花萼3枚，两枚较大，成舟形浮于水上，雄蕊1枚；雌花单生于雌佛焰苞内，花萼3枚，花瓣3，花柱3，先端2裂；雌花花后在水下发育，果实长圆柱形，长5~30厘米，直径仅约0.5厘米。

下生长发育，因此苦草被形象地称为"面条菜"。

　　苦草在我国大部分地区有分布，生于湖泊、沼泽、溪沟、河流、池塘之中。苦草对水深、水质、底质等适应性较强，叶片和花梗长短随水位深浅而有变化。苦草嫩叶可食，是草食性鱼类饵料、牲畜饲料。此外，苦草还可净化污水。

　　茨藻属（*Najas*）早期放在茨藻科，现也归入水鳖科。为一年生沉水小草本，茎下部匍匐，上部直立，纤细，易断，多分枝，二叉状，黄绿色，下部节处生根，叶近对生或假轮生，线形，无梗，叶缘具微锯齿，花单性，多单生，极小，直径约0.5毫米，雄花具1枚长颈瓶状佛焰苞和花被片1枚，雌花裸露，无花被和佛焰苞，瘦果长圆形，不裂。

　　茨藻属全世界39种，全球广布，与苦草相比，茨藻的适应性更强，在淡水和咸水中都能生长。我国有记录11种，其中海南有记录东方茨藻（*N. chinensis*）、纤细茨藻（*N. gracillima*）、小茨藻（*N. minor*）3种，株高不到15厘米，均咸淡水皆宜。

洁身自好国保植物——水菜花

    水车前属（*Ottelia*），又名海菜花属，为水鳖科水生草本。该属全世界约有21种，分布于热带、亚热带和温带地区。我国有记录8种。海南野生分布有3种，分别为水菜花（*O. cordata*）、龙舌草（*O. alismoides*）、海菜花（*O. acuminata*）。值得注意的是，水菜花在我国的野生分布仅见于海南，而且水车前属的所有种类已被列入国家二级重点保护野生植物名录。

    水菜花在水深处为沉水植物，浅水处为挺水植物，在我国仅见于海南海口和安定，喜生于水流缓慢的淡水沟渠及池塘中，缅甸、泰国及柬埔寨亦有分布。每年5月，水面上白色花朵遍开，随着微风轻轻摇曳。3枚淡黄色的萼片和3枚白色的花瓣，在绿水蓝天白云下十分美丽。

    水菜花的叶片也有两种形态，沉水叶长椭圆形、披针形或带形，薄纸质，浮水叶阔披针形或长卵形，革质，基部心形。花单性，雌雄异株，佛焰苞长卵圆形，具6条纵棱，上面常有排列成行的疣点，顶端不规则2裂。雄佛焰苞内有雄花10~30朵，同时有2~4朵伸出苞外开花，花萼，花瓣白色，雌佛焰苞内含雌花1朵，子房下位，长圆形，光滑。在野外观察过程中发现，雌株明显少于雄株。水菜花对水质有明显的净化作用，但由于湿地面积的缩小，水菜花分布面积较为狭窄。

    与水菜花同属的沉水草本植物——海菜花，别名异叶水车前、龙爪菜，为我国特有种。该种为多年生沉水草本，茎短缩，叶基生，叶形变化很大，似车前叶，拉丁种加词"*acuminata*"意指"叶片渐尖"。叶柄长短因水深浅而异，水越深叶柄

越长，最长可达 4 米，具肉刺；花单性，雌雄异株；佛焰苞无翅，雄佛焰苞内含 40~50朵雄花，雄蕊黄色，花丝扁平；雌佛焰苞内含 2~3 朵雌花。果为三棱状纺锤形，长达 8厘米，棱上有明显的肉刺和疣突。每年花果期 5~10 月。海菜花喜温暖气候，在我国海南、广东、广西、四川、贵州和云南有分布。

　　1848 年，清代植物学家吴其濬在其《植物名实图考》中对海菜花进行了详尽的描述：“海菜生云南水中，长茎长叶，叶似车前叶而大，皆藏水内。抽葶做长苞，十数花同一苞，花开则出于水面；三瓣色白，瓣中凹，视之如六，大如杯，多皱而薄；黄蕊素萼，照耀涟漪，花罢结尖角数，角弯翘如龙爪，故又名龙爪菜”。尽管如此，海菜花被真正命名发表是在 1934 年。

　　有意思的是，海菜花带“海”字，却并不生活在海里，而是生于淡水湖泊、池塘、沟渠及水田中。中国西南地区常把高原湖泊称为海或海子，海菜花因此而得名。开花期间，海菜花的花朵漂浮在水面上，随波逐流，

● 水菜花的雄花序

● 水菜花的雌花序

● 水菜花

● 海菜花

在云南还被称为"水性杨花"，成为一道靓丽的水面风景。但是，海菜花十分"洁身自好"，只能生活在水质良好的生境中，是一种水质监测的指示植物。也能净化水质，改善水体环境，又被称为"环保菜"。其花和嫩茎常被当地人食用，无论是煮汤还是清炒，都爽滑清香。由于湿地面积不断缩减，生境破坏严重，海菜花的自然种群不断缩小，面临濒危的处境。

海南还有一种龙舌草，别名水车前、白花菜或水白菜，是水车前属的模式植物。因为《本草纲目》中最早使用"龙舌草"之名，故《Flora of China》沿袭经典，仍使用龙舌草这个名字。

与水菜花、海菜花相比，龙舌草的叶片全部沉于水下，叶基生，不同发育时期叶形变化较大，花两性，单生于佛焰苞内，花浅紫色，肉质蒴果，具棱，种子具白毛。常生于湖泊、沟渠、水塘、水田以及积水洼地。全株可作蔬菜、饵料、饲料、绿肥以及药用等。

● 水菜花

植物档案

水菜花，学名 *Ottelia cordata*，隶属于水鳖科、水车前属，沉水或挺水草本，茎极短，叶基生，二型，沉水叶带形，薄纸质；浮水叶长卵圆形，革质，基部心形。花单性，雌雄异株，佛焰苞长卵圆形，具6条纵棱，光滑或有排列成行的疣点，顶端不规则2裂。雄佛焰苞内有雄花10~30朵，同时有2~4朵伸出苞外开花，雌佛焰苞内含雌花1朵，萼片3枚，淡黄色，花瓣3枚，白色，果实长椭圆形。

浅海沉水盐藻——喜盐草

不同于前面介绍的"沉"长于淡水中的苦草、水菜花等植物，同属于水鳖科的喜盐草却喜欢在浅海环境的水底生长。

喜盐草属（*Halophila*），也隶属于水鳖科，全世界有记录 17 种喜盐草，主要分布在热带亚热带沿海，是一类十分少见的迷你型海草。

喜盐草属又被称为盐藻属，其拉丁名来自希腊语 "halos"（海）+ "philos"（喜爱），意指本属植物喜生于盐水中。事实的确如此，该类植物均为海水生沉水草本，茎匍匐，柔软细长，有分枝，每节具 2 枚抱茎的鳞片，叶片多为椭圆形。我国产的喜盐草种类多有长长的叶柄，如同从海底伸出的一把把芭蕉扇。因为叶片上中脉和横脉明显，似虎纹，新加坡有人称之为虎纹海草（Tiger seagrass）。该类植物的花为单性，佛焰苞由无梗的 2 枚膜质苞片组成，花被片 3 枚。

喜盐草属我国有记录 4 种：贝克喜盐草（*H. beccarii*）、毛叶喜盐草（*H. decipiens*）、喜盐草（*H. ovalis*）、小喜盐草（*H. minor*），除了毛叶喜盐草仅在台湾有分布外，其余 3 种都在海南有分布。

喜盐草，别名海蛭藻、卵叶盐藻，学名种加词 "ovalis" 意为"椭圆形的、广椭圆形的"，是指其叶片为椭圆形。为多年生海草，茎细长匍匐，易折断，叶片淡绿色，具长柄，薄膜质透明，边波状全缘，叶脉除了中脉和缘脉，还有较多的横脉相连，叶片上的明显脉纹似虎纹，给人留下深刻印象。花单性，雌雄异株，花被片白色，雌佛焰苞苞片 2，呈螺旋状扭卷，形似长颈瓶，颈部长约为膨大部分的 2 倍，果实近球形，还有多数球形的种子。花期 11~12 月。产台湾、海南、广东沿海岛屿及广布于红海至印度洋、西太平洋沿海。

小喜盐草与喜盐草形态和分布地极为相似，且常混生于同一生境。节上也生 2 枚叶片，具长柄，但叶片更小，其种加词 "minor" 即意为"较小的"，此外，小喜盐草的叶脉中的横脉数目少，且与中脉的夹角更大，可以相区别。

贝克喜盐草也在海南有分布，直立茎相对喜盐草较长，叶片6~10枚簇生在直立茎顶端，长椭圆形至披针形，具明显中脉和1对缘脉，无横脉，以此特点明显区别于喜盐草和小喜盐草。贝克喜盐草在我国主要分布在东南沿海及海南和台湾，生于红树林或河口淤泥或沙质的基质上。贝克喜盐草的学名种加词是为纪念模式标本采集者、意大利植物学家贝卡里（Oroardo Beccari，1843—1920年）而命名，以感谢他生前为马来西亚植物研究的卓越贡献。该种最早采集自马来西亚婆罗洲的沙捞越，目前标本存在英国伦敦自然历史博物馆。

喜盐草

喜盐草多为无性繁殖，通过匍匐茎的伸长和不断分枝，能快速在海底实现种群扩张，形成密集的海底草甸。喜盐草也能有性繁殖，花单性，雌花和雄花常在茎节上莲座状叶丛中成对抽出，雌花先熟，雄花后熟，通过水流传粉，成果传粉后会结出果实，果实也通过水流散播在潮间带，释放出大量比芝麻还小的种子，条件适宜时在基质上萌发。

喜盐草还是河口海底的先锋植物，根和匍匐茎与海底基质紧紧结合一起，减缓浪潮，促进沉积，也促进了其他动植物物种的定居，为它们提供了栖息地。为了适应海水生活，喜盐草拥有发达的通气系统，且利用水中的无机碳进行光合作用，但因为受水中光带的限制，喜盐草只能生活在6~30米浅海海底。

海菖蒲属（*Enhalus*）为另一类多年生的海生沉水草本，是水鳖科少有的单种属，此属下仅海菖蒲（*E. acoroides*）1种，广布于西太平洋和印度洋沿海。我国仅见于海南，生于中潮线的沙滩上。海菖蒲的属名来自希腊语，由"en"

海菖蒲

（在上）+ "hals"（盐）组成，指本属植物生于盐碱地。种加词为拉丁文 "acoroides"，意为 "像菖蒲的"，是因为海菖蒲的叶片带状扁平，形似菖蒲叶，因生长在海水中，故此得名海菖蒲。

海菖蒲的须根粗壮，具匍匐根状茎，外被有粗纤维状叶鞘残体。叶片全缘，常扭曲，具平行叶脉，气道与叶脉平行排列。花单性，雌雄异株，花序具长梗，佛焰苞2枚；花白色，藏于佛焰苞内，开花前紧闭合；雄花花梗短，早断落，成熟时花浮在水面开放；雌花序仅1朵雌花，花梗长达50cm，花后呈螺旋状扭曲，花瓣白色，长条形，强烈折叠，授粉后伸展开，长为花萼的二倍；果实卵形，长5~7厘米，不规则开裂，具喙。花期5月。具记载，果实可炒食。

泰来藻属（*Thalassia*）也是一类生长在热带、亚热带的近岸海域或滨海河口区水域的水生植物，同属于水鳖科。其拉丁属名来源于希腊语 "thalassa" 意为 "海"，是指本属植物生于海水中。也有人称之为海龟草属。泰来藻属全世界仅有2种，其中 *T. testudinum* 仅分布在美洲热带近海岸，泰来藻（*T. hemprichii*）分布在热带亚洲及澳洲近海岸，分布区域与海菖蒲极为相似，我国仅见于台湾、海南沿海区域。

泰来藻也为多年生沉水草本。具匍匐横走的根状茎，有纵裂气道，并具宿存的叶鞘；直立茎极短，节间密集呈环纹状；叶片条带状，略呈弯镰形，具极细纵裂气道，叶缘有很细的锯齿，花单性，雌雄异株，雌株仅生1个具梗的雌花序，佛焰苞内生1朵雌花，花被淡黄色。果实球形，顶端开裂成8~20瓣。泰来藻的幼嫩叶片及果实也为海生鱼类等动物的食物来源。

喜盐草

植物档案

喜盐草，学名 *Halophila ovalis*，隶属于水鳖科喜盐草属，为多年生海草，茎细长匍匐，每节生细根1条和鳞片2枚；叶片2枚，从鳞片腋部生出，具长柄，薄膜质透明，边波状全缘；花单性，雌雄异株，花被片白色，雄佛焰苞宽披针形，雌佛焰苞片2，呈螺旋状扭卷，颈部长约为膨大部分的2倍，花柱3，细丝状，长2~3毫米；果近球形，直径3~4毫米，具4~5毫米长的喙，种子多数。

希腊神草——海神草

海草（*Seagrasses*）与海藻（*Seaweed*）都完全生活在海水中，但与低等植物海藻不同的是，海草均为高等植物中的单子叶植物，是陆生植物进一步演化适应海洋环境的产物，有许多趋同进化的形态特征，比如都具有匍匐的根状茎、缩短的直立茎，体内具发达的通气组织，雌雄异株，花小，花瓣简化或退化，靠水流传粉和散播种子。

据文献记载，全球有海草类植物72种，我国海草有22种，隶属于5科10属，这些植物大多数名字含"藻"却非藻，因此，国内很多研究海草的专家曾经共同发声和发文，建议我国以后将海水沉水草本统一称为海草。由于部分名称沿用已久，没有更改过来，本书中仍采用《Flora of China》中的中文名。

成片生长浅海海底的植物构成了特殊的海草床。海南的近岸海域主要生长着10种海草，隶属于4科7属。除了前面介绍的水鳖科海菖蒲属（1种）、喜盐草属（3种）和泰来藻属（1种）之外，还有海神草科的海神草属（1种）、川蔓藻科的川蔓藻属（1种）、丝粉藻科的丝粉藻属（1种）和二药藻属（2种）。

自带希腊神话光环的海神草（*Posidonia australis*）主要生于近海岸低潮间带的沙质基质海底。海神草也是海神草科唯一在我国有分布的种类，仅见于我国海南三亚，且数量十分稀少。因此，第一次听说海南的海神草，就激起了想一探究竟的念头。因为"沉"长于海底，海神草的野外调查十分不易。我们在三亚海边询问了很多当地渔民，均无功而返。后经多番寻觅，终于获悉有人在猴岛附近见过它们。

那日，我们租了一艘机动小船，在渔民带领下，很快就在邻近猴岛的一片浅海中找到了它们。相较于壮观的海上渔村和繁忙的海上交通，那里的海域相对宁静了

海神草 ●

许多，海水也十分清澈，水深约1.5米。微风荡漾，在波光粼粼的海水中，我们见到心心念念的海神草。只见它们悄无声息地扎根于海底沙床上，随波荡漾，因此，海神草还有个特殊的名字——波喜荡草，海神草科又称为波喜荡科。该科全世界仅海神草属1属9种，我国分布海神草1种。

海神草的属名来自希腊语"Poseidon"，为希腊海神的名字，故得名海神草。拉丁文种加词"australis"意为"南方的"，是指该种主要生长在南方热带地区。海神草为多年生海生沉水草本，其根状茎匍匐，叶互生在缩短的直立茎上，看似基生，叶片质地较韧，扁平线形，形似金钱蒲的叶片，但海神草叶片先端钝圆。二月看见它们时，未见开花。据资料记载，海神草为穗状花序，每穗3~6朵花，花为两性，但无花被，果为斜倒卵形，长不到3厘米。该种除了在我国海南岛有分布外，还分布在澳大利亚南部和印度近岸海。

● 海神草

植物档案

海神草，学名 *Posidonia australis*，隶属于海神草科海神草属，为多年生沉水草本，根茎匍匐，棕红色，密被长纤维，直立茎短缩，叶互生，线形，扁平，长60~90厘米，宽6~15毫米，全缘，先端钝圆，叶鞘长约12厘米，边缘内折，叶耳和叶舌明显；穗状花序，穗长3~7.5厘米，花两性，无花被，雄蕊3枚，无花丝；果斜倒卵形，长不到3厘米，果皮肉质，多为平滑，成熟后自基部不规则开裂，种子长圆形，无胚乳。

海生歪果藻——川蔓藻

川蔓藻属是一类沉水单子叶植物，早期作为眼子菜属的近缘属放在眼子菜科。1934年英国植物系统学家哈钦松（Hutchinson）正式发表川蔓藻科（Ruppiaceae）。目前，该科仅含川蔓藻属1属，有11种，世界广布。我国有分布5种，但仅川蔓藻（*Ruppia maritime*）1种在海南有分布。

川蔓藻属由林奈1753年建立，属名是为了纪念德国植物学家鲁比乌斯（H. B. Ruppius，1688—1719年）。川蔓藻的种加词来自拉丁文"maritimus"意为"海边生的、属于海的"，意指其生长在海水环境中，故俗称海藻或盐水藻。

● 川蔓藻

川蔓藻为川蔓藻属的模式种，多年生草本。由于根固着于水底，所以一般只能在小于3~4米深的浅水中生存，且要求清澈和平静的水体环境。茎、叶的颜色常随水质变化而变化。其植株较小，地下根茎质硬，匍匐于泥中。

川蔓藻名字中的"川""蔓"二字十分形象地体现了植株的形态，其地上茎分枝多，呈丛生状，散布展开面可达1平方米，茎节明显。叶片在茎上互生，细线形，具明显中肋，基部叶鞘多少抱茎，叶耳钝圆。其穗状花序长2~4厘米，

川蔓藻 ●

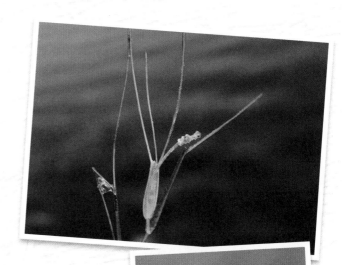

川蔓藻 ●

由 2 朵淡绿色的小花组成，包藏于叶鞘内的短梗上，开花后花梗伸长。川蔓藻开花时并不伸出水面，而是在水下传粉。成熟的果实斜卵形，故俗名歪果藻，果实不开裂，具短喙。花果期 4~6 月。

川蔓藻为世界广布种，在全球温带、亚热带海域及盐湖均产，在我国沿海岛屿及青海、海南、广西等地有见，生于海边盐田或内陆盐碱湖，为底栖无脊椎动物、鱼类、水鸟等提供重要的食物、栖息地和避难场所，也可改善水体环境质量和保护堤岸。其株形、果序、果形都适宜观赏，是较好的水生花卉，全株可供观赏，适于水族箱、玻璃缸种植。

植物档案

　　川蔓藻，学名 *Ruppia maritime*，隶属于川蔓藻科川蔓藻属，为多年生沉水草本，地上茎多分枝，丛生状，长约 40 厘米，茎节明显，节间长 1~6 厘米。叶片细线形，具中肋，基部叶鞘多少抱茎，叶耳钝圆；穗状花序由 2 朵花组成，花淡绿色，雄蕊 2 枚，心皮 4~6 枚，子房瓶颈状，多不对称。瘦果斜卵形，长 1.5~2.5 毫米，不开裂，具短喙，4~7 个聚生于总果梗顶端。

扎根海底的粉丝——丝粉藻

我国海草床中还有一类似藻非藻的有花植物——丝粉藻科植物。

丝粉藻科 (Cymodoceaceae) 是近年来才独立出来的，相关的类群早期先后放在眼子菜科和茨藻科。目前，丝粉藻科全世界有 6 属 13 种，全部为多年生海生沉水草本，主要分布在热带和亚热带地区。我国有 3 属，分别为二药藻属（*Halodule*）、丝粉藻属（*Cymodocea*）、针叶藻属（*Syringodium*），其中针叶藻属仅分布在温带近岸海，丝粉藻属和二药藻属在海南有记录。

丝粉藻属是丝粉藻科的模式属，全世界有 2 种，我国仅丝粉藻（*C. rotundata*）1 种，海南可见。丝粉藻分布于红海至马达加斯加岛、热带亚洲至西太平洋近岸海域，但在我国仅见于海南三亚浅海区域，喜泥质海滩，多生于红树林下，较为少见。二药藻属全世界有 4 种，生于热带浅海海滩，我国有 2 种：二药藻（*H. uninervis*）和羽叶二药藻（*H. pinifolia*），均在海南有分布。

这两类植物全部扎根浅海海底生长，依靠匍匐的根状茎向外伸展，直立茎短缩，顶端簇生或互生 1~5 枚叶，叶 2 列，叶片线形，宽不到 4 毫米，比海神草叶片要窄短许多，形似粉丝一样，故名丝粉藻，但我觉得更像一根根面条。

据记载，丝粉藻的叶片基部具抱茎的叶鞘，叶鞘脱落后在茎上形成闭合环痕。

丝粉藻

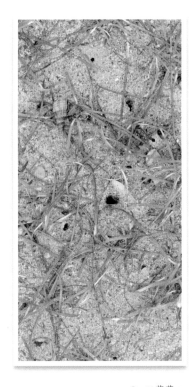

● 二药藻

植物档案

丝粉藻科，学名 *Cymodoceaceae*，为浅海沉水草本，根状茎匍匐，直立茎短缩，叶片线形，长7~15厘米，宽不到4毫米，叶边全缘，叶鞘抱茎，脱落后形成闭合环痕；花小，单性，雌雄异株，通常生于直立茎或其分枝顶端，花被退化，雌花几无梗，小坚果半卵圆形，长约1厘米，无柄，不裂，顶端常具喙。

花小，单性，雌雄异株，通常生于直立茎或其分枝顶端，花被退化，雌花几无梗，小坚果，不裂。由于生境特殊，见之不易，需要详细比较观察，才能辨识和鉴定。

来自不同科属的海草生活在浅海海底，构成了具有重要生态价值的海草床，它们与红树林、珊瑚礁并称为地球上三大生产力最高的海洋生态系统。

全球的海草床分布不足世界海洋总面积的0.2%，但固碳量达到森林的2倍以上，是全球重要的碳库。海草床有机碳储量约占全球海洋每年总有机碳埋藏量的10%，在气候调节方面具有重要功能。海草床能够吸收远超过维持自身生长所需的氮、磷等营养盐，通过光合作用和呼吸作用参与海洋碳循环，在全球的碳、氮、磷循环中扮演着重要角色，能净化和调控水质，也为大量海洋生物的栖息和生存提供了便利，海草床成为巨大的海洋生物基因库。海草还能护堤减灾，通过根状茎固定底质，减弱海浪冲击力，保护海岸线。

海草床属于比较脆弱的生态系统，对外界条件的要求比较高，很容易受到外界环境的影响，围海造田、港口建设、挖沙及破坏性的渔业捕捞、养殖、工业、生活排污等人类活动，都会严重危及海草的生存，海南的海草床也不例外。海菖蒲已被列入《世界自然保护联盟濒危物种红色名录》（IUCN）中的近危（NT）。海草床的保护和恢复已成为国内外的重要研究热点。

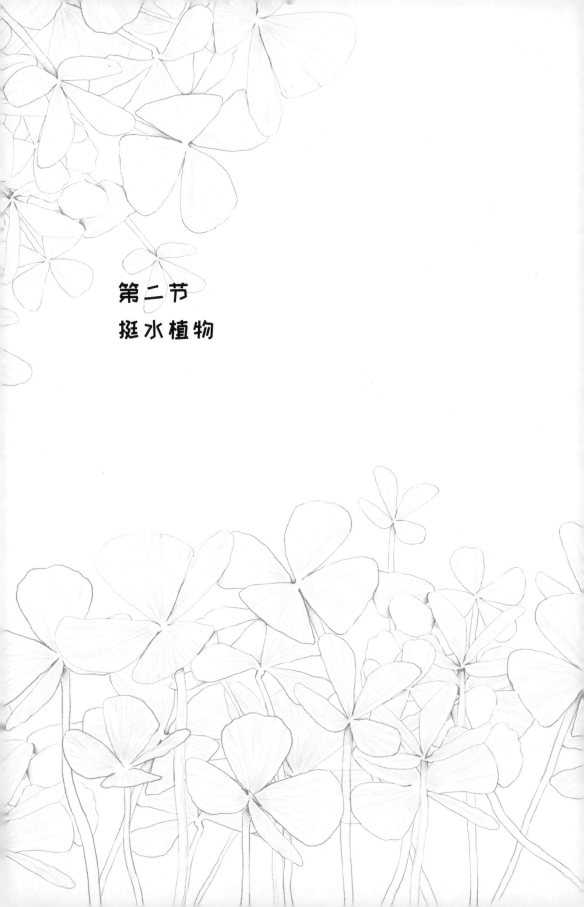

第二节
挺水植物

挺水植物主要生长在江河湖泊、池塘水库等近岸的浅水处，也见于湖滩湿地及沼泽，一般植株较为高大，直立挺拔，根或根状茎扎于泥中，上部挺出水面，是水生、陆生植物间的过渡类型。

我国常见挺水型植物有莲、千屈菜、菖蒲、水葱、香蒲、芦苇、慈姑、水蕨、水角、高葶雨久花、水柳、野芋、水蜡烛、茳芏、荸荠、野稗、蓼、藤草类等，再力花、梭鱼草、风车草、纸莎草、美人蕉、莲等，常用于水体修复和景观配置。

本节重点选取了海南野生的最有代表性的挺水植物，如水蕨科的邢氏水蕨和水蕨、蘋科的蘋和南国蘋、凤仙花科的水角、雨久花科的高葶雨久花、莎草科的茳芏和短叶茳芏、蓼科的蓼属植物、旋花科的蕹菜、柳叶菜科的水龙和草龙、香蒲科的水烛和香蒲、菖蒲科的菖蒲和金钱蒲、禾本科的野生稻等，围绕这些植物及其相关的物种进行了详细介绍，其中水蕨属和野生稻已被列为国家级重点保护植物。

水蕨隐存种——邢氏水蕨

水蕨属（*Ceratopteris*）隶属于凤尾蕨科，均为水生植物，常挺水或成片漂浮于湖沼、池塘、河沟中，广泛分布于热带、亚热带淡水湿地环境。根状茎多为直立，是蕨类植物生物学研究的模式植物，也是中国南方各地常用的水生蕨菜。

● 邢氏水蕨

水蕨属植物叶片簇生，有可育叶和不育叶之分，可育叶片均为羽状深裂。叶背面的孢子囊大，沿主脉两侧着生，幼时完全被反卷的叶缘所覆盖，成熟后略微张开。截至目前，全世界有水蕨属植物 8 种，我国有记录 6 种，海南有 3 种，分别为水蕨（*C.thalictroides*）、亚太水蕨（*C. gaudichaudii*）和邢氏水蕨（*C.shingii*）。

水蕨属名来源于希腊语 keras（角）+pteris（蕨），是指该属植物的叶片分裂形似鹿的角。模式种为原产美洲的南美粗梗水蕨（*C. pteridoides*），其种加词由 "pterid"（凤尾蕨）和 "oides（像）" 组成，意指其叶片形态与凤尾蕨属叶片相似。水蕨属在《中国植物志》中独立为水蕨科，现已和凤尾蕨属都放在凤尾蕨科之内。

水蕨是一种较为常见的水生蕨类，世界热带及亚热带各地可见，我国华中、华南、华东均有分布，在海南主要见于东北部的海口、定安、五指山、东方、琼海等地，常生于沼泽、水田或水沟的淤泥中，有时漂浮于水面。水蕨的根状茎短而直立，不育叶和可育叶均为二到四回羽状深裂，可育叶叶片更宽大，裂片窄线形，边缘反卷。水蕨的种加词由拉丁文 "thalictr"（唐松草属）+ "oides"（像）组成，是指水蕨的叶片像唐松草的叶片，人们称之为水松草、水柏或龙须菜。

● 邢氏水蕨

● 水蕨

值得一提的是，研究发现，过去认为我国长江流域广泛分布的"粗梗水蕨"与南美粗梗水蕨完全不同，因而保留了原有的中文名粗梗水蕨，其拉丁学名命名为 *C. chingii*，以纪念中国蕨类植物研究的奠基人秦仁昌院士。粗梗水蕨为我国特有种，主要分布于我国华东和华南地区，海南尚未发现野生分布。与水蕨不育叶二至四回羽状深裂相比，粗梗水蕨的不育叶为深裂的单叶，阔三角形。此外，粗梗水蕨植株叶柄显著膨大，通常漂浮在静水水面，不抗风浪，孢子囊成熟期 7~9 月。

近年来，随着研究的深入，自然中发现了很多隐存种，即具有相似的形态但又有完全不同的亲缘关系的物种。邢氏水蕨的发现再一次证实了隐存种的真实存在。2019年，我们在海南海口羊山湿地进行植物调查，发现了一种奇特的生活在流水湿地的水蕨属植物，多年生、根状茎横走、叶脉分离，显著不同于过去发现的水蕨属其他植物类群，且经常生长在独特的火山熔岩地貌旁边的流水湿地环境。根据形态学、细胞学和分子系统学的比较研究，发现该水蕨样本为水蕨属植物基部的独立分支，与水蕨属其他所有类群构成姐妹类群，是一个尚未发表的水蕨属新物种，研究人员将其命名为邢氏水蕨，以致敬中科院华南植物园邢福武研究员过去数十年间对海南植物调查研究的贡献。

● 邢氏水蕨

邢氏水蕨为海南湿地特有种，生长在海南独特的火山熔岩地貌的湿地环境，该种目前仅分布在海南省海口市羊山湿地的西湖娘娘庙、将军山及定安久温塘、龙华区坡训村、陵水吊罗山等少数具有流水习性的淡水湿地，伴生植物包括一些稀有的中国物种，比如水菜花、延药睡莲、水角、高葶雨久花及野生稻等。研究发现，邢氏水蕨的自然种群较小，生境破坏严重，其伴生地还经常看到凤眼莲、空心莲子草、大薸等外来入侵植物，面临着严峻的人为干扰和灭绝风险。湿地是最易受人为干扰的敏感生境类型之一，邢氏水蕨处于海口城市化的包围之中，该新物种的发现也得益于近年来海口市羊山湿地大力推行的湿地生态保护工作。

水蕨属植物叶色青绿，株形美观，全株可供观赏，嫩叶可做蔬菜，做沙拉或炒菜，大量人工扩繁后可作为一种新型蔬菜，具有一定的市场前景。此外，水蕨全株也可入药，有治胎毒、消痰积、镇咳化痰等功效。然而，由于人为的采挖和生境破坏，野生的水蕨数量正在不断减少。目前，水蕨属的所有种都被列入我国《国家重点保护野生植物名录》（2021 版）二级，受《中华人民共和国野生植物保护条例》保护。

植物档案

　　邢氏水蕨，学名 *Ceratopteris shingii*，隶属于凤尾蕨科水蕨属，为多年生水生植物，根状茎长而横走，叶簇生，二型叶柄绿色，肉质。不育叶长圆形，二至三回羽状深裂；可育叶三回羽状深裂，孢子囊较大，线形，边缘翻卷覆盖孢子囊，孢子为四面体，表面有平行的脊。

"水货"四叶草——蘋

一直以来，"四叶草"代表着"幸运""希望"和"幸福"，在一片三叶草中能够找到四叶草，便意味着"幸运之神"即将到来。而这个"三叶草"并不是严格的分类学概念，大多指酢（cù）浆草科的酢浆草属植物，有的地方也指豆科的白车轴草（别名白三叶）、红车轴草（别名红三叶）以及南苜蓿等植物，这类植物都有个共同的特点：为具3小叶的草本植物，叶片倒卵形或心形，自然条件下极少出现4枚叶片的变异，如能找到便是极为幸运的。因此，寻找幸运四叶草活动便由此而来，市场上也衍生出了许多四叶草的创意产品，受到人们的欢迎。

那日，周末和朋友一起带娃在植物园里休闲，玩起了寻找幸运四叶草的游戏，小朋友们十分认真，不一会儿还真的找到了"四叶草"，还自豪地说找到了一片呢。我接过来一看，长长的叶柄顶端生有四枚小叶，小叶倒三角状扇形，呈"十"字形排列，不禁笑了起来。的确，它可称为四叶草，但这是它们的自然常态，并不是十分珍稀和罕见的变异，堪称幸运四叶草中的"水货"，它便是我国湿地分布十分广泛的一种蕨类植物——蘋（*Marsilea quadrifolia*）。

蘋是一种不开花的蕨类植物，隶属于蘋科蘋属，为蘋属的模式种。为多年生浅水生或沼生草本，具细长横走的根状茎，细长叶柄的顶端生有4枚"十"字形排列的叶片，叶边全缘，浮于水面或挺立，别名田字草、田字萍、四叶萍、大浮萍等。1753年最早在欧洲发现，其属名*Marsilea*是为纪念意大利植物学家马尔西

● 蘋

利（F. L. Marsigli，1658—1730年）的卓越贡献而命名。种加词由拉丁词"quadri"（4个）+"folia"（叶）组成，是指其叶片由4枚小叶片构成。蘋的叶脉明显，从

小叶基部呈放射状二叉分枝，类似银杏叶的叶脉。繁殖季节，其叶柄基部旁边会生出成对的长椭圆形的孢子果，每个孢子果内含许多孢子囊，大孢子囊和小孢子囊同生于一个孢子果内壁的囊托上，成熟时孢子果开裂，大孢子囊内有一个大孢子，小孢子囊内生多个小孢子。

蘋为世界广布种，在我国南北各地广泛分布，海南也不例外。具有一定的经济价值，不仅全株可供观赏，可用作小型盆景，叶片可作装饰品，而且蘋的全草也可入药，能清热解毒、利尿消肿，外用治疗痈疮和毒蛇咬伤等。蘋多见于水田或沟塘中，由于根状茎繁殖快，容易成活，常称为稻田杂草。

此外，南国蘋（*M. minuta*）在海南也较为常见，别名南国田字草，种加词由拉丁文"minutus"（微小的）变化而来，意指形体十分微小。南国蘋的生境与蘋相似，与蘋的形态区别在于，南国蘋的小叶片边缘具有波状圆齿，孢子果单生根状茎的节上，而蘋的小叶片边缘全缘，孢子果成对生于叶柄基部附近。

南国蘋与蘋一样，均属于不开花的孢子植物，形态会随生境发生变化，生于深水中时，叶柄细长柔弱，叶片漂浮水面，而在浅水或干旱水田时，叶柄短而坚挺，叶片挺立出水，根状茎节间缩短。

● 南国蘋

　　蘋科全世界约有 3 属，其中蘋属有 49 种，广泛分布各地，我国仅蘋属 1 属 3 种，分别为蘋、南国蘋和埃及蘋（*M. aegyptiaca*）。蘋全国广布，南国蘋主要分布在我国长江流域以南地区，而埃及蘋仅分布在我国新疆北部，海南未见分布。

　　蘋在我国古诗词时有出现，不仅食用，还用于祭祀。如《诗经》中有记载"于以采蘋？南涧之滨；于以采藻？于彼行潦。"我国古人描述蘋为"叶大如指头，面青背紫，有细纹。四叶合成，中折十字。""夏秋开小白花，故称为白蘋。""生水中者为白蘋，生陆地者为青蘋。"但如前所述，蘋为蕨类植物，并不开花，可能古人将长着密毛的孢子囊果看成了白花，于是称之为白蘋。生长在干燥的地方时，少见孢子囊果，称为青蘋。如杜审言的"淑气催黄鸟，晴光转绿蘋。"和杜甫的"杨花雪落覆白蘋，青鸟飞去衔红巾"，可窥见当时人们对蘋的认识。

　　值得一提的是，不同记载文本将"蘋"写为"蘋""苹"，甚至"萍"，"蘋"为繁体字，可简化为"苹"，用作植物时简化为"蘋"，但实际中很少用。而"萍"古文解释为"无根，浮水而生者。"是指在水面漂浮的浮萍、无根萍一类的植物。

　　此外，在观察中我们还发现蘋、南国蘋与酢浆草科、豆科的"三叶草"植物一样，小叶片也具有昼开夜合的昼夜运动，即傍晚闭合，清晨展开，感兴趣的朋友们不妨认真观察一下吧。

蘋

植物档案

　　蘋，学名 *Marsilea quadrifolia*，隶属于蘋科蘋属，为多年生水生或沼生草本，根状茎细长横走，叶柄细长，顶生 4 枚倒三角形叶片，呈十字形，叶边全缘，叶脉呈放射状二叉分枝，孢子果从叶柄基部伸出，长椭圆形，褐色、木质、坚硬，每个孢子果内含许多孢子囊，大孢子囊和小孢子囊同生于孢子果囊托，成熟时孢子果开裂。

海南"指甲花"——水角

　　小时候，我家房前屋后种
植了一些指甲花。每到开花时
节，爱美的我喜欢将花朵揉碎了
涂在指甲上，红红的，心里美美的。
等到果实成熟了，又喜欢轻轻触碰它，只听
得"啪"的一声，果皮裂开并卷缩起来，无数种
子被弹出来，十分有趣。长大后才知道指甲花其
实有个更高雅的名字"凤仙花"，而且自然界中
竟然有上千种凤仙花，花的颜色除了粉红色，还
有黄色、白色、红色等多种颜色，十分多样。

　　凤仙花家族的植物多为一年生的肉质草本，
叶片边缘有齿，花两性，花瓣5枚，与豆科植物
相似，也有旗瓣和翼瓣之分，花为两侧对称，萼
片多为3枚，下面的1枚增大成花瓣状，基部向
后收缩成距，距的近顶端储存着吸引昆虫传粉的
花蜜。因具有典型的共同特征，这类植物独立为
凤仙花科，物种多样性十分丰富。由于植物茎肉
质多汁，花瓣质地薄脆，所以凤仙花植物的标本
制作十分困难，也给凤仙花植物的鉴定和分类学
研究增加了难度。

　　凤仙花科包括凤仙花属（*Impatiens*）和水角
属（*Hydrocera*）两个属，但大部分植物为凤仙花

海南凤仙花

● 水角

属。据统计，全世界约有凤仙花属植物1093种，在北半球广泛分布，我国有记录313种，主要分布在西南地区，特有种十分丰富。而水角属仅水角（*H. triflora*）1种，主要分布在热带亚洲，我国仅海南有野生分布。因此，水角对研究凤仙花科的分类与系统发育具有很高的学术价值和意义。

海南凤仙花

水角属的属名来源于希腊文"hydor"（水）+"keras"（角），意指本属植物生长在沼泽地，且茎有棱角，故中文名为水角。水角学名的种加词来自拉丁文"tri"（三）+"florus"（花），意指一个花序上常常生3朵花。

近几年，我们在海南考察湿地植物时，特别关注了水角这个种。夏秋可见其开花结果。乍一看，水角的植株形态、花朵与凤仙花十分相似，但凤仙花属花朵的侧生花瓣成对合生，而水角花朵的全部花瓣为离生。不开花时肉眼更难区分，但一旦开花结果就会"暴露"身份。凤仙花的果实为蒴果，成熟后会开裂，但水角的果实为不开裂的浆果，圆圆的，堪称"凤仙花家族"中的另类。

水角

● 海南凤仙花

作为水角属的"独苗",水角主要生于沼泽、水塘的浅水中,对水位深浅适应性较强。好几次,我静静望着它,从它身上看到了我年少时"指甲花"的影子。水角的茎较为粗壮,具5条棱,叶片互生,花生叶腋,萼片5枚,下面1枚延伸成短距,离生花瓣5枚,上面1枚最大,粉红色。摘取一朵花,揉碎花瓣涂抹于指甲,少时爱臭美的我又回来了。

近年来由于湿地不断被开发利用,导致生境退化,水角的适生面积缩减,在海南的野生分布范围逐渐变窄。2017年的《中国生物多样性红色名录——高等植物卷》甚至将其列为地区灭绝物种。邱园在线世界植物名录(Plants of the World Online)中也有标注,认为海南的水角已经灭绝(Extinct)。但令人欣慰的是,近年来研究人员在海南海口羊山湿地发现了水角的野生居群。

2019—2021年的湿地调查,我们也幸运地看到了坚强的它们。但或许是因为水角为一年生的缘故,种子的散播与萌发更容易受到环境影响,水角的分布地点变得有些捉摸不定,一直牵动着我们的心。2023年2月中旬我们在海南湿地寻了个遍,都没有找到它的踪迹,希望是种子还在蛰伏,正等待和煦春风的唤醒吧。

《广群芳谱》中对凤仙花如此记述:"桠间开花,头翅尾足具翅,形如凤状,故又有金凤之名。"因其花朵形态似凤头而得名凤仙花。凤仙花科植物花形奇特美丽,

● 水角

植物档案

水角，学名 *Hydrocera triflora*，隶属于凤仙花科水角属，多年生水生草本，全株无毛，茎直立，肉质中空，具5棱；叶片互生，基部具1对无柄腺体，叶片线状披针形，边缘具疏锯齿；花生叶腋，萼片5枚，下面1枚延伸成短距，离生花瓣5枚，上面1枚最大，粉红色；果实为肉质假浆果，球形，不开裂。

观赏价值很高，而且很多种具有清热解毒、止痛消肿、祛风除湿、舒筋活血、消炎散瘀等功效，具有显著的药用价值，成为我国园艺花卉引种栽培和开发利用的优异植物资源。我国民间广泛栽培供观赏和药用的指甲花为凤仙花（*Impatiens balsamina*），原产于印度，民间常用其花和叶染指甲，而得名指甲花，我小时候种植的应该就是这个种。据考究，从宋代开始就已有用凤仙花来染指甲的记录。

凤仙花属植物多见于西南地区，海南野生的种类不多，主要有华凤仙（*I. chinensis*）、海南凤仙花（*I. hainanensis*）等极少种类分布。其中海南凤仙花为海南特有种，其形态与水角明显不同。主要生长在海南乐东、昌江、白沙的山地密林或石灰岩石峰，海南湿地未见。

值得一提的是，目前海南的研究人员已经通过组培繁殖技术和温度调节促进种子萌发技术进行水角的种质资源保存和扩繁，为水角这一濒危物种的保育扩繁和开发利用提供了技术保障。我们也期待这种海南湿地的奇特"指甲花"永远绽放！

秋日蓝色精灵——高葶雨久花

秋风拂过水面，海南的湿地多了几分枯黄。一小片碧绿的植物丛中伸出了无数蓝紫色花序，傲然高挺，似与湛蓝天空一较高下，它就是我国雨久花科的珍稀水生植物——高葶雨久花（*Monochoria elata*）。

高葶雨久花，又名高茳雨久花，为水生单子叶植物，植株高可达 2 米，与雨久花属其他植物相比，明显高大了不少，堪称雨久花属家族中的"巨人"。其植株特征十分明显，多年生草本，全株光滑无毛，叶片有基生叶和茎生叶之分，基部箭形或戟形，宛如插于水中的战戟，花茳高高挺立，近百朵蓝紫色小花聚生于总状花序上，花被片淡蓝紫色，花序梗明显高于叶柄，开花结束后花序依然直立。

1816 年，雨久花科成立时根据梭鱼草属（*Pontederia*）学名而命名为"Pontedereae"，后来统一更名为"Pontederiaceae"。雨久花属（*Monochoria*）于 1827 年正式命名成立。Pellegrini et al（2018）根据形态和系统学研究，认为雨久花科目前只包含沼车前属（*Heteranthera*）和梭鱼草属（*Pontederia*）2 个属，原有的雨久花属全部归并入梭鱼草属，成为梭鱼草属雨久花亚属，但此观点目前尚未得到中国学者的普遍认可，故本文采用雨久花属。

● 高葶雨久花

● 高葶雨久花

雨久花属的学名和归属在"风风雨雨"中变换，但其中文名却"地久天长"，根据沿用已久的习惯而继续保留。由于雨久花属具有镜像花柱、二形雄蕊等花部特征，成为研究系统发育和演化的重要材料。该属全世界约有10种，广泛分布于非洲、亚洲及澳洲地区。我国野生分布有4种，分别是雨久花（*M. korsakowii*）、箭叶雨久花（*M. hastata*）、高葶雨久花（*M. elata*）和鸭舌草（*M. vaginalis*）。据记载，这4种均在海南有分布，为我国用作饲料的主要植物类群，全部为水生植物。

与此相对应，高葶雨久花的学名和系统位置也经历了一些变更。1918年，高葶雨久花正式命名发表为 *Monochoria elata*，归属于雨久花属。1951年，学名更改为箭叶雨久花高葶亚种（*M. hastata* var. *elata*），2000年《Flora of China》中记载为 *M. elata*，2018年有国外学者建议被归并入梭鱼草属，邱园世界植物名录记录高葶雨久花的学名为 *Pontederia elata*。但我国"植物智"系统依然将高葶雨久花放在雨久花属中，本文暂以此为依据。

雨久花属与凤眼莲属较为相近，但后者在我国引种栽培后逸为入侵植物，在后面的外来入侵植物部分会进行详细阐述。与凤眼莲属不同的是，雨久花属为我国原产，花明显具梗，花被片辐射对称，几乎离生，后方花被片不具异色斑点，雄蕊6枚，其中1枚明显较长，花丝无毛。

植物学命名时常常会选用植物最为典型的形态学特征来命名。雨久花属属名来自希腊语，由"monos"（单一的）+"chorizo"（分离）组成，即意指其花被片离生。而高葶雨久花的种加词来自拉丁文"elatus"，意为"高的"，是指其花葶较长。高葶雨久花分布于温暖潮湿的热带沼泽湿地，在我国仅见于海南，而且数量十分稀少。正是由于其独特的形态特征、仍存争议的系统位置、海南野外数量稀少性以及湿地人为干扰强的情况，再加上凤眼莲在海南湿地的侵略性扩张地盘，可能会对雨久花造成基因渗透污染，因此，对于高葶雨久花的研究和保护有待进一步加强。

不同的雨久花属物种的植株高度不同，从矮到高依次为鸭舌草、雨久花、剑叶雨久花和高葶雨久花，各自的叶片形态和花序中花朵数量也明显不同。

鸭舌草是雨久花属植株中最矮的物种，根状茎极短，茎高 15~35 厘米，叶片卵形，基部多钝圆，8~9 月开花。

雨久花在海南较为常见，根状茎粗壮，茎高 30~70 厘米，基部呈现紫红色，基生叶广圆状心形，具弧形脉，有长柄，有时膨胀成囊状。总状花序顶生，超过叶片长度，有花 10 余朵，花梗长 5~10cm，花直径约 2cm，花被裂片 6 枚，蓝色，其花语为"天长地久"。

箭叶雨久花的植株高度与高葶雨久花最为接近，根状茎长而粗壮，匍匐，茎高 50~100 厘米，叶三角状卵形或三角形，基部箭形或戟形，总状花序有花 10~40 朵，花比雨久花小，直径 0.7~1 厘米。

此外，一直想"并吞"雨久花属的梭鱼草属在我国没有野生分布，但人工种植的水景植物中会常见到一种梭鱼草（*P. cordata*），种加词 *"cordatus"* 意为"心形的"，是指叶片心形。梭鱼草又名海寿花，原产北美，为多年生挺水植物，常常丛植于水边，每年 7~10 月，长长的花葶从茎顶端笔直地向上伸出，在直立向上的翠绿叶片丛中，数十朵花组成一串或白色或蓝色或紫色的总状花序，观赏价值极佳，成为海南湿地公园浅水处绿化的常见物种，常与花叶芦竹、水葱、香蒲等配置造景。

梭鱼草

植物档案

高葶雨久花，学名 *Monochoria elata*，隶属于雨久花科雨久花属，为多年生水生草本，高可达 2 米，全株光滑无毛，叶片有基生叶和茎生叶之分，叶片戟形，先端渐尖；总状花序，花葶直立，花序梗明显高于叶柄，花朵密生，花淡蓝紫色，开花结束后花序依然直立，蒴果长圆形。

江海沿岸之席宝——莀芏

"莀芏"（jiāng dù）这个名字我是近些年才听说的，听到这个带双草字头的新奇名字，猜一定是一种生长在江边的土生草本植物，直到在海南见到了莀芏和短叶莀芏，才有了更深的认知。

莀芏（*Cyperus malaccensis*），为莎草科莎草属的多年生挺水草本，属名"*Cyperus*"来自希腊语"kypeiros"（灯心草），意指其茎中的白髓可燃灯；种加词"*malaccensis*"意为"马六甲的"（Malacca 为马来西亚港市），是指该种最早在马来西亚的马六甲港发现并命名，或许译为"马六甲莎草"更为直观。

● 莀芏

据记载，莀芏分布在马来西亚等东南亚地区，我国广东和海南也有。因其常生长在海滨之沼泽低洼地，故被称为咸草、咸水草。莀芏有着莎草的最典型特征：茎秆呈三棱形，高可达 1 米以上，又被称为三角莀芏。叶片基生，1~2 片，叶鞘很长，包着茎秆，夏秋开出聚伞花序，花序下面生叶状苞片 3 枚，长于花序，小花绿褐色。因为茎秆常被撕开用来编织草席，故俗名席草。茎秆还可用来造纸。

莀芏种下有一个亚种短叶莀芏（*C. malaccensis* subsp. *monophyllus*），分布比莀芏更广泛，在我国华南、西南可见，此外印度尼西亚、越南和日本也有，也生于海滩、河沟畔、盐沼地边缘等。其亚种加词"*monophyllus*"意为"单叶的"，意指基生叶片常常仅有 1 片。

海南的湿地沼泽中，短叶莀芏和莀芏都较为常见。短叶莀芏常生于咸淡水交汇的水域，也常被称为咸草、咸水草，茎秆被用来织席和造纸。其姿态清新秀丽，洒脱飘逸，颇有风韵，成片种植可供观赏，还是改良盐碱地的优良草种。

值得一提的是，茳芏在古代又被称为莞草。"莞"（guān）在古籍中指用草编织的席，亦指用来编席的植物。同时"莞"在古典中还用于广东地名"东莞（guǎn）"。

东莞的得名原因历来众说纷纭，其中最被认可的当属"莞草说"，即东莞因莞草而得名。东莞地处东江下游，淡水干流南下与南海咸潮交汇，在沿线水域交汇之地，常常连片着生这类莞草，宛如一道绿色围篱环绕东莞西南，颇具特色。明末清初著名学者屈大均在《广东新语》指出，东莞人多以织为业，且在广东之东，故此得名东莞，并一直沿用至今。目前，莞草已成为东莞代表性的文化符号，莞草碧绿而柔软，是编织席、篮、垫、地毡和草绳等极好的原料，东莞草制品受到国内外市场青睐，从而催生了莞草的种植与草织业的发展。

《诗经·小雅·斯干》有诗云："下莞上簟（diàn），乃安斯寝。"不仅在广东东莞，莞草对海南沿海居民同样十分重要。古代人烟稀薄，莞草成为沿海先民就地取材的薪火燃料，用来遮风避雨，还能编织成席、绳等生产生活物料。即使在经济发达的今天，莞草的经济用途依然被当地居民所重视。

《说文》有云"蔺，莞属，从草，閵声。""蔺"在古典中即指一类茎细圆而长，茎可

● 茳芏

● 短叶茳芏

编席，茎中白髓可做燃灯的"灯心草"，这与茳芏又被称为"大甲蔺""苑里蔺"不无关系。但是茳芏的茎并非圆而细长，而是为三棱形。

莛芏被称为莞草，在东莞市及东莞植物园的门户网站上有明确的体现，且莞草的学名写为 *C. malaccensis* subsp. *monophyllus*（短叶莛芏）。也有学者认为莞草可能为水葱（*Schoenoplectus* sp.）一类的植物。也许，古典中的莞草究竟是莞草一种植物还是一类植物，还有待进一步考察。

莎草属全世界有951余种，我国有64种，其中20余种为湿地植物。海南莎草属植物中除了短叶莛芏外，还有野生分布着高秆莎草（*C. exaltatus*）、叠穗莎草（*C. imbricatus*）、畦畔莎草（*C. haspan*）、垂穗莎草（*C. nutans*）、密穗砖子苗（*C. compactus*）、羽状穗砖子苗（*C. javanicus*）、断节莎（*C. odoratus*）等种类，还从非洲引种风车草（*C. involucratus*）、纸莎草（*C. papyrus*）等用于湿地景观布置。

莎草科植物种类十分丰富，全世界有95属5687种，我国有36属916种，是单子叶植物中仅次于兰科、禾本科的第三大科，与禾本科植物一起常成为海南湿地的优势植物类群，具有极高的植物多样性，分类鉴定较为困难。莎草科区别于禾本科植物的主要特征为：莎草科植物秆常三棱柱形，无节和节间，中心为实心，叶三列互生，叶鞘封闭，果实为坚果。

我们在海南湿地考察过程中还发现了成片分布的大薸（biāo）草（*Actinoscirpus grossus*）、海南水八仙之一的野生荸荠（*Eleocharis dulcis*）等多种莎草科植物。随着调查的深入，应该会有越来越多的物种被发现和记录。

● 大薸草

● 断节莎

植物档案

莛芏，学名 *Cyperus malaccensis*，隶属于莎草科莎草属，为多年生草本，根状茎长而匍匐，茎秆呈锐三棱形，叶基生，可达1米，叶鞘很长，包着茎秆。聚伞花序，叶状苞片3枚，长于花序，向外展开，小花绿褐色，小坚果三棱形。

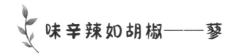
味辛辣如胡椒——蓼

"蓼"在词典中是指一类生长在水边或水中的草本植物，茎高一尺，叶呈披针形，夏秋之际开白色或浅红色小花，茎叶味辛辣如胡椒，全草可入药。

古典中对"蓼"的释义应该是指水蓼（*Persicaria hydropiper*）。水蓼的学名种加词"*hydropiper*"是由拉丁文"hydro"（水生的）+"piper"（胡椒、辣椒）组成，指其叶片具辛辣味，故水蓼又称为辣蓼、辣柳蓼、水胡椒，古代为常用调味剂。

水蓼隶属于蓼科蓼属，该属包含的种类非常丰富，野外识别较为困难，甚至蓼属范围的界定都经历分类学家们的无数次讨论和变更，因此，常常让新入手的植物爱好者懵圈。首先，关于蓼属的学名和范围，最早要从1753年说起。林奈发表广义的蓼属，学名为*Polygonum*，成为蓼科的模式属，蓼科的学名Polygonaceae也由此形成。据《中国植物志》的记载，有学者提出将本属分为11个独立的属，书中部分采用了这一观点，将荞麦属、金线草属、虎杖属等分离出去，其余仍合并在一起，采用的蓼属属名为*Polygonum*，包括了全世界230余种。2012年出版的《中国水生植物》沿用此观点。但后来经过深入研究，有学者提出蓼类植物需独立为狭义的蓼属（*Persicaria*），原有的属名*Polygonum*中文名更名为萹蓄属。这种分类学处理目前已被广泛认可和接受。

蓼属为世界广布类群，有129种，我国已有记录63种。属名来源于拉丁文"Persicarius"（像桃的），意指植物叶形如桃叶。为一年生或多年生湿生或浅水生草本，茎直立，多节，节处常膨大，单叶互生，托叶联合成托叶鞘，抱茎，叶边全缘，托叶膜质，鞘状。无数小花组成穗状花序，花两性，辐射对称。该属很多植物的嫩叶和嫩茎可以食用，用根熬成的膏可外用治疗疥疮，捣碎的叶汁可外敷在伤口上，是一种有效的止痛剂。瘦果卵形，扁平，包于宿存花被内，种子十分细小，但可被用来缓解绞痛，治疗痢疾和霍乱。

海南湿地较为常见的种类主要有：毛蓼（*Persicaria barbata*）、光蓼（*P. glabra*）、二歧蓼（*P. dichotoma*）、丽蓼（*P. pulchra*）、水蓼（*P. hydropiper*）、红蓼（*P. orientalis*）、酸模叶蓼（大马蓼 *P. lapathifolia*）、火炭母（*P. chinensis*）、小蓼（*P. minor*）等 10 余种。快随我们来到海南湿地，一起寻找它们的倩影吧！

● 光蓼

毛蓼为多年生草本，茎叶密被毛而得名。具横走根状茎，茎较粗壮，多不分枝。叶面具黑褐色斑块，叶边具缘毛，叶柄密被细刚毛，托叶鞘筒状，长 1.5~2 厘米，膜质，密被细刚毛，顶端平截，缘毛粗壮，长 1.5~2 厘米。花白色或淡绿色。海南湿地较为常见。种加词来自拉丁文 "barbatus"（具髯毛的），即指其叶边、托叶鞘顶端等具有髯毛（或缘毛）。

● 二歧蓼

相较于毛蓼，光蓼最典型的特征是全株光滑无毛，其学名种加词 "*glabra*" 即意为 "无毛的"。我们在海口潭丰洋湿地见到的光蓼为零星分布。尽管为一年生，但植株较为粗壮，茎略呈红色，从火山岩缝隙中伸出，节部膨大，节间生不定根，茎向前匍匐伸向沼泽湿地，前端直立，叶片呈披针形，膜质托叶鞘具有数条纵脉，顶端平截，无缘毛，基部楔形；穗状花序，花淡红色。

二歧蓼也为一年生草本，茎具纵棱，疏被倒生皮刺，节部膨大，多分枝，常带红色，因此，在台湾被称为水红骨蛇。叶片与光蓼相似，也为披针形，全缘，托叶鞘枝。其学名来自拉丁文 "dicho-tomus" 意为 "二歧分枝的"，即指花序形态。二歧蓼在海口将军山附近沼泽湿地成片分布，形成优势种群。

● 毛蓼

像二歧蓼一样成片生长的还有丽蓼，拉丁种加词"*pulchra*"意为"美丽的"。为多年生草本，让我最惊讶的是其匍匐茎长而粗壮，节上生根，逐渐伸向有水的沼泽地，几乎铺满整个沼泽湿地。每年在茎前端生出直立茎，叶宽披针形，两面密被绢毛，托叶鞘顶端具缘毛，长4~6毫米。文献记载其花果期6~10月，常数个穗状花序组成圆锥状，花白色，我们2月去时未能见到开花结果。该种在我国仅在广西和台湾有记载，据专家鉴定应该为海南新记录种。

● 丽蓼

此外，海南还有红蓼野生分布。其种加词"*orientalis*"意为"东方的"，所以红蓼又称为东方蓼。红蓼叶片宽卵形，又称阔叶蓼。穗状花序下垂，形态似狗尾，故又名狗尾巴花；花为深红色，常在水边生长，故又名荭草或水荭；多个穗状花序再组成顶生的大型圆锥花序，花排列紧密，花被5裂，宿存。花果期6~10月。红蓼在我国广布，生于路边溪沟、浅水或积水湿地，具有明显两栖性，浅水中明显生长旺盛。全株可入药，在花果期入药最佳，果实入药可用于治疗胃痛、腹胀、脾肿大、肝硬化等。

此外，蓼科酸模属的羊蹄（*Rumex japonicus*）、长刺酸模（*R. trisetifer*）等也可见于海南湿地。

● 丽蓼

植物档案

蓼属，学名 *Persicaria*，隶属于蓼科，为一年生或多年生湿生草本，茎直立，多节，节处常膨大，单叶互生，托叶联合成抱茎的托叶鞘，叶边全缘，托叶膜质，鞘状；穗状花序，花小，两性，辐射对称；瘦果卵形，扁平，包于宿存花被内，种子细小。

水陆两栖野生菜蔬——蕹菜

蕹（wèng）菜，又叫空心菜、水蕹菜、通菜，是人们最为熟悉的餐桌菜蔬。但是，大多数人只见过菜市场或菜地里人工栽培的蕹菜，却不知在海南的野外也可以见到它们的身影，算得上名副其实的野菜。

● 蕹菜

蕹菜为旋花科番薯属（或虎掌藤属）植物，拉丁属名 *Ipomoea*，《中国植物志》中英文版均采用番薯属的名字，近些年开始使用虎掌藤属，拉丁名未变。该属的典型特征为茎常缠绕或平卧，叶具柄，叶边全缘，花萼 5 片，果期宿存且略增大，花冠漏斗状，雄蕊内藏，蒴果球形瓣裂。

蕹菜的学名为 *Ipomoea aquatic*，其属名来自希腊语，由"ipsos"（常春藤）+"homoios"（相似），意指植株形态似常春藤。种加词来自拉丁文"aquaticus"，意为"水生的"，是指蕹菜原生环境为水生。蕹菜是番薯属中唯一的挺水植物，海南的水边、沼泽或湿地上较为常见。为一年生蔓生草本，全株漂浮或根生淤泥中，上部挺出水面。蕹菜的茎圆柱形，有节，节间中空，全株无毛，叶在茎节上稀疏着生，叶片三角状长椭圆形，基部戟形或心形。

野生的蕹菜十分少见，开花就更少见了。蕹菜与牵牛为同属植物，其花朵形态与牵牛花十分相似，花冠白色或淡紫色，为漏斗状或喇叭状，单生或成聚伞花序，蒴果开裂。

蕹菜喜温暖湿润，土壤肥沃、松软底质、光照充足、无风浪的静水水域。环境适宜时生长很快，耐肥、耐连作、较耐贫瘠，但不耐寒，其茎叶遇霜会被冻死。我国中部以南各地广为栽培，适应性强，可多次收割，常用扦插进行繁殖，可以水生和陆生，成为我国常见的"平民"餐桌蔬菜。蕹菜的花清新亮丽，即可食用又可观赏，而且在富营养化的水体生长良好，可用于污水净化。

蕹菜为碱性食物，其嫩梢嫩叶供食用，富含粗纤维，鲜美脆嫩，无论素炒还是加蒜蓉、辣椒及其他肉类一起炒，都十分清新鲜爽，还不抢味，保持食材各自风味，具有促进肠蠕动、通便和解毒作用。广西有道名菜"青龙过海"，即是指餐桌上的蕹菜。曾有诗人品尝此菜后赞不绝口，留下"席间一试青龙味，半觉醒来嘴犹香"的诗句，算是对蕹菜美味的最好诠释了。

蕹菜还是我国常用药材，据《本草纲目》记载，蕹菜味甘，性平，无毒，捣汁和酒服治难产，据《全国中草药汇编》记载，蕹菜还可解毒菇素、木薯毒、毒蛇毒虫咬伤及无名肿毒。

除了蕹菜外，番薯属中的番薯（*I. batatas*）、牵牛（*I. nil*）、五爪金龙（*I. cairica*）、厚藤（*I. pes-caprae*）等本土或外来物种也常见于海南的湿地环境，构成了海南湿地的番薯属植物多样性，还与人们生活息息相关。

植物档案

蕹菜，学名 *Ipomoea aquatic*，隶属于旋花科番薯属，为一年生蔓生草本，全株无毛，茎圆而中空，叶互生，三角状长椭圆形，基部心形或戟形，聚伞花序腋生，花序梗长 3~6 厘米，花冠白色中带粉紫色，漏斗状，蒴果近球形。

● 蕹菜

霸气的过江龙——水龙

水龙，当看到的第一眼我便喜欢上了它，不仅仅是其新奇且霸气的名字，更重要的是那些个在清脆的绿色丛中闪现清新亮丽的花朵，乳白色花瓣中间那抹淡黄，是我喜欢的感觉，让我想起鸡蛋花，还有妈妈端过来的荷包蛋。

水龙（*Ludwigia adscendens*）隶属于柳叶菜科，曾经因为雄蕊数为萼片的2倍从丁香蓼属分开成立水龙属，后来又被合并为丁香蓼属（*Ludwigia*）。

丁香蓼属的拉丁名是为纪念德国植物学家路德维希（C. G. Ludwig, 1709—1773年）而

水龙

命名。目前，丁香蓼属全世界约有87种，世界广布，我国有记录9种。

水龙为多年生水生或湿生草本植物，根状茎横走，十分发达，中下部匍匐水面，长可达3米，茎节上常簇生圆柱状白色海绵状贮气的根状浮器，具多数须根，茎多分枝，上部挺立，高达60厘米，无毛。整体形态犹如一只只在池塘水面上蜿蜒前行的"水龙"。因此，水龙又被称为过江龙、过江藤、过塘蛇等。水龙的学名种加词来源于拉丁文 adscendens（上升的），意指其茎上升的状态。

　　水龙单叶互生，矩圆状倒披针形，长为宽的三倍，先端钝圆，基部渐狭呈柄状，叶边全缘。花两性，单生茎上部叶腋，花瓣 5 枚，乳白色，基部淡黄色，花盘突起，靠近花瓣基部有蜜腺，雄蕊 10 枚，子房下位；夏秋季可见其花果，蒴果圆柱状，具10 条纵棱，果皮薄，不规则开裂，种子在每室单列纵向排列，嵌入木质化、硬的内果皮里。分布于我国长江流域以南的水田或浅水塘，其他热带、亚热带地区也有分布。

　　全草可用于观赏，花果期观赏效果更佳，常引种栽培于水族箱中，还可以净化水体；全草可入药，有清热解毒、利尿消肿的功效，用于治疗感冒发热、肠炎、痢疾、带状疱疹、湿疹等，也可治蛇咬伤；在《本草纲目拾遗》和《海南植物志》中被记作"玉钗草""草里银钗"或"玉钗草水龙"。水龙全草可作猪饲料，因此，名字霸气的水龙在海南澄迈竟还有十分接地气的名字"肥猪草"。

　　草龙（*L. hyssopifolia*）为海南湿地较为常见的另一种丁香蓼属植物。不同于水龙的是，草龙为一年生湿生草本，无匍匐茎和白色海绵状浮器，茎直立，常具 3 或 4棱，多分枝，基部常木质化。叶片披针形至线形，故又被称为细叶水丁香、线叶丁香蓼，幼枝及花序被微柔毛。全草也可入药，有清热解毒、去腐生肌之效，可治感冒、咽喉肿痛、疮疥等。在海南海口玉符村附近的池塘边有见到。

　　毛草龙（*L. octovalvis*）与草龙一样，花瓣黄色，4 枚，雄蕊 8 枚，不同于草龙的是，毛草龙为多年生，茎粗壮，多分枝，状如灌木，高可达 2 米，花比草龙大，全株

●毛草龙

●草龙

丁香蓼

● 细花丁香蓼

植物档案

水龙，学名 *Ludwigia adscendens*，隶属于柳叶菜科丁香蓼属，为多年生草本，根状茎横走，十分发达，中下部匍匐水面，长可达3米，茎节上簇生白色海绵状浮器，茎多分枝，上部挺立，无毛；单叶互生；花两性，单生茎上部叶腋，花瓣5枚，乳白色，基部淡黄色，雄蕊10枚；蒴果圆柱状，具纵棱10条，果皮不规则开裂。

被伸展的黄褐色粗毛，果实圆柱形，具8棱。海南保亭甘什岭保护区的水塘边有见到。丁香蓼属在海南湿地分布种类还有假柳叶菜（*L. epilobioides*）、丁香蓼（*L. prostrata*）、细花丁香蓼（*L. perennis*）等。

值得一提的是，据记载海南还有两种俗称为"过江龙"的物种。一种为马鞭草科过江藤属的过江藤（*Phyla nodiflora*）。相比于柳叶菜科霸气的水龙，过江藤似乎要柔弱了许多。过江藤又被称为过江龙、水黄芹、虾子草、水马齿苋等，分布于我国长江以南的山坡、平地或河滩湿地。为多年生草本，全株有紧贴的短毛，茎四棱形，匍匐或斜升，节部生根，如水龙一般蜿蜒向前伸展。另一种称为过江龙的植物来自豆科的榼藤（*Entada phaseoloides*），为常绿木质大藤本植物，生于热带山坡混交林中，常攀缘于大乔木上，其圆圆的暗褐色的种子似眼镜，而又被称为眼镜豆，受到自然物收藏爱好者的喜爱。

依据植物形态、用途而命名的中文名常常会出现同名异物的现象，自然观察和交流时要注意辨别。另外，植物观察和识别是件很有意思的事，有兴趣的自然爱好者不妨放慢脚步，细细解读它们。

水边倒插大烤肠——水烛

你听说过水蜡烛吗？可不是人们放在水面上带走美好祝愿的那种蜡烛哦。它是一类生长在沟渠边的香蒲科香蒲属的多年生挺水植物，这类植物有着横走的根状茎和直立的地上茎，长条形的叶片直立向上伸展，平滑平整且柔韧性极强，如同一柄柄绿色利剑伸向天空。每到入夏时节，香蒲抽葶开出绿色的肉穗花序，圆圆的，像一根棒，故称为蒲棒，又因外形像蜡烛，且生长在水中，因此，常被俗称为水蜡烛。

香蒲的花序十分有趣，每一花序的花朵极小而数量极多，花为单性，雌性穗状花序和雄性穗状花序生长在同一长长的花葶上。雄花序生于花葶的上部，雄花无花被，成熟后花粉随风飘散，常常只剩下空秆。雌花序位于花葶下部，雌花均无花被，有可孕花和不孕花之分，子房基部具白色丝状毛，果期宿存。

香蒲的花期较短，果期很长，因此，我们常常见到的其雄花序散尽后的空秆和下面圆润的长长的果序。雌花序成熟后变成褐色的果序，竖立在翠绿的茎叶中，像一根根烤熟的香肠，十分显眼。有趣的是，外表看似平整圆滑的"烤肠"，却隐藏着随时炸裂的内心——只需轻轻一撸，就会有大量的白色茸毛爆裂出来！那是它们散播种子的

● 水烛

水烛（雌花序与雄花序远离）

策略，像蒲公英一般随风飘散。这些炸裂的茸毛因十分有用而受到人们的欢迎，常用作枕芯和坐垫的填充物，被称为蒲绒。

等这些带着茸毛的种子散尽之时，也是植株们光荣完成使命之际。这时已是深秋，气温变凉变冷，香蒲的地上部分植株会逐渐枯黄，根状茎的顶芽转入休眠越冬，待翌年气温适宜时再萌发。

不同的香蒲植株形态不一，香蒲属（*Typha*）为香蒲科中的独苗属，属名来自希腊语"typhe"（草垫子），意指香蒲叶片常用来编织草垫。香蒲属为世界广布属，40余种，广泛分布于热带至寒温带。我国有记载13种，长江以北种类较多。海南目前仅有记载水烛（*T. angustifolia*）1种野生分布，香蒲（*T. orientalis*）有见栽培。

如果将香蒲属植株高度分为高大型、中间型和低矮型3种类型的话，水烛可归为香蒲中的高大型，植株高可达2.5米。根状茎乳黄色，先端白色，地上茎直立且粗壮，叶片扁平，背面凸起，横切面呈半圆形，叶鞘抱茎，叶鞘里面无红棕色斑点。

相对于其他物种来说，水烛的叶片相对较狭窄，宽不到 1 厘米，其学名种加词 "*angustifolia*" 来自拉丁文 "angusti（狭窄的）+folia（叶片）" 即为此意。雌花序与雄花序远离，雄花序轴密生褐色扁柔毛，雌花序长 15~30 厘米，雌雄花序基部都具叶状苞片，花后脱落。雌花具小苞片，小苞片近三角形，以此区别于本属的其他物种。成熟后的水烛果实变成红褐色，圆润而饱满，等待着风的召唤。

海南常见栽培种为香蒲本种，其拉丁文种加词 "*orientalis*" 意为 "东方的"，故又名东方香蒲。植株不及水烛那般高大，因叶片远看似菖蒲叶片，故也叫菖蒲，还有水烛、蒲草、蒲黄等俗称。香蒲区别于水烛最典型的特征为雌雄花序紧密连接，上面的雄花序长 3~9 厘米，下面的雌花序长 5~15 厘米。

香蒲属植物（尤其是香蒲本种）的经济价值较高，广泛应用于医药、编织、造纸和食品等，是重要的水生经济植物之一。除了用于点缀园林水池外，还是重要的造纸和人造棉的原料，蒲叶可以用来编织工艺品。在我国南方水

● 香蒲（雌花序与雄花序紧连）

乡，其幼叶基部和根状茎先端幼嫩部分可作蔬食；雄花花粉俗称"蒲黄"，据记载可用于治疗吐血、衄血、咯血、崩漏、外伤出血、经闭痛经、胸腹刺痛、跌扑肿痛、血淋涩痛等症。香蒲的花序还可用作鲜切花和干花，在插花艺术创作中很受欢迎。

香蒲植株绿意盎然，常生在波光粼粼的水边，自古在诗人眼中就是一道独特的风景，总能让人生出些许联想和诗情画意。"青罗裙带展新蒲"是白居易眼中的香蒲；"夹道蒲荷长欲齐"是韩元吉眼中的香蒲；"短短蒲茸齐似剪"是梅尧臣眼中的香蒲；"蒲芽出水参差碧"是谢逸眼中的香蒲。

我国湿地植物中还有一种唇形科刺蕊草属植物也被称为水蜡烛（*Pogostemon yatabeanus*），形态相差较远，因其花密集排列于茎枝的顶端成穗状花序，且生在水边而得名。但截至目前，海南暂未发现该水蜡烛的野生分布。可见，不同地区根据外在形态来为植物取名时，常常会出现同名异物现象，林奈的双名法由此而生，人们在鉴别和交流植物时多采用学名的形式进行，以免产生混乱。

植物档案

水烛，学名 *Typha angustifolia*，隶属于香蒲科香蒲属，为多年生挺水草本，根状茎横走，地上茎直立，粗壮，叶片长条形，直立向上，长可达 1.2 米，宽 0.4~0.9 厘米，叶边全缘，基部鞘状抱茎；穗状花序，雌雄同株，上部为雄花序，下部为雌花序，长 15~30 厘米，花序相隔 3~7 厘米，花单性，无花被，果实外面具茸毛。

水生芳香药草——菖蒲

海南的湿地水边还有一类植物，也为多年生，其植株高度、叶片和花序形态、经济用途都与香蒲科的香蒲有几分相似，常常令人混淆，它们就是本文的主角——菖蒲（*Acorus calamus*）。

菖蒲

如何区分菖蒲和香蒲呢？一般可以从根茎、叶片、花序、花的形态以及香味进行辨别。菖蒲的根茎稍扁，黄褐色，芳香，而香蒲为香蒲科植物，根状茎乳白色；菖蒲的叶基生，叶片剑状线形，中肋两面明显隆起，而香蒲的叶二列互生，鞘状叶很短，基生，茎生叶条形，无明显隆起的中肋，叶片光滑；二者均为肉穗花序，但菖蒲的花序梗三棱形，花序长一般不超过 10 厘米，直径约 1 厘米，花为两性，自下而上开放，花黄绿色，具有花被片，而香蒲花序梗圆柱形，花单性，上部为雄花序，下部为雌花序，紧密相连或相互远离，花序长可达 20 厘米，无花被片。更值得一提的是，菖蒲具有明显清香，而香蒲反倒香味不明显。

菖蒲属（*Acorus*）在《中国植物志》中放在天南星科之下，但近些年单独成了菖蒲科。该属均为多年生水生或湿生草本，主要分布在亚洲和北美，目前全球有 3 种，即菖蒲、金钱蒲（*A. gramineus*）和长苞菖蒲（*A. rumphianus*）。《中国植物志》等早期文献中记录的石菖蒲（*A. tatarinowii*）已被归并入金钱蒲。海南有菖蒲和金钱蒲分布。

菖蒲的属名来自希腊语"akoros"，意为"菖蒲"，种加词来自希腊语"kalamos"（芦苇），意指其叶片似芦苇。金钱蒲的种加词来自拉丁文"gramineus"（像禾草的），意指其叶片似禾草。

菖蒲常生于湿土上，根状茎横走，肉质，多分枝，姜黄色，可入药，有开窍化痰之效。植株较高大，并列呈排状从根状茎生出，叶基生，较长，顶端2裂，中肋在两面均明显隆起，成熟时浆果红色，可明显区别于金钱蒲。菖蒲生于湖泊、沼泽湿地、沟渠浅水处，在阳光充足、底质肥沃、水深湿度环境生长更好。植株挺拔，亮绿，又有香气，观赏效果好，花序也可作鲜切花或干花。人们常用根状茎无性繁殖和栽培，用于驱虫、观赏和净水。

● 菖蒲

● 金钱蒲

菖蒲在我国各地广布，不同地区的人们根据其形态或各地风俗习惯赋予了菖蒲不同的名称，如白菖蒲、臭草、臭蒲、大菖蒲、泥菖蒲、土菖蒲、野菖蒲、水菖蒲、水剑草、野枇杷等20多个俗名，江浙一带还称之为香蒲，同物异名现象在这里体现得淋漓尽致。与菖蒲一样，金钱蒲在不同地方也有不同的名称，如钱蒲（《本草纲目》《植物名实图考》）、九节菖蒲（《滇南本草》）、石菖蒲、随手香（四川）、鲜菖蒲（江苏）等。

与菖蒲相比，金钱蒲根茎较短，植株较矮小，呈丛生状生长，叶片短小，质地较厚，长20~30厘米，宽不足0.6厘米，叶片先端常渐尖，两面平滑，不具隆起的中肋；肉穗花序也为黄绿色，长2~4cm，成熟时浆果为绿色。金钱蒲常生于溪边石上或湿地。

金钱蒲叶片芳香，手触摸之后长时不散，所以称为"随手香"。金钱蒲与菖蒲的根状茎都可入药，具开窍、化痰、杀虫等功效，治疗感冒头痛、肠胃炎、月经不调等多种疾病，被广泛收录于不同的民族药典中，为我国常用的优质中药资源。

植物档案

菖蒲，学名 *Acorus calamus*，隶属于菖蒲科（或天南星科）菖蒲属，根茎稍扁，黄褐色，芳香，叶基生，叶片剑状线形，长90~100厘米，宽1~2厘米，中肋两面明显隆起，肉穗花序，花序梗三棱形，花序长一般不超过10厘米，直径约1厘米，花为两性，自下而上开放，花黄绿色，具有花被片，浆果长圆形。

杂交水稻之"父"——野生稻

● 野生稻

　　稻属于禾本科稻属（*Oryza*），是一种重要的粮食作物，具有悠久的种植历史，为全世界一半的人口提供基本的食物和能量。众所周知，全世界广为种植的水稻最早起源于普通野生稻，是为适应干旱的生境而通过花期隔离的机制产生的物种。

　　提起野生稻的重要性，全世界人们都不会忘记世界杂交水稻之父袁隆平在海南三亚发现野生稻不育株"野稗"从而打开育种困局的传奇故事。

　　那是 1970 年 11 月，正是野生稻抽穗扬花的时节，袁隆平的助手李必湖在冯克珊的带路下，在海南三亚一个水塘边约 200 平方米的野生稻中，发现了三株稻穗花药异常，经袁隆平确认为花粉败育的野生稻，当即把它命名为"野稗"。随后，袁隆平以这株野生稻雄性不育株为祖本，育成不育系，与保持系、恢复系配套。于 1973 年成功培育出了三系杂交水稻，成功地解决了中国十几亿人口的吃饭问题，也给世界人民带来了福音。袁隆平被誉为"世界杂交水稻之父"，国际上甚至把杂交水稻作为中国继古代四大发明之后的"第五大发明"。

　　海南雄性不育野生稻的发现成为水稻育种史上的伟大转折点。试想，如果海南没有如此丰富的野生稻资源，这一切从何谈起。野生稻是培育水稻新品种的重要种质资源。但由于城镇化建设的发展，湿地受到人为干扰和破坏，野生稻生长的环境也受到影响，其适生面积在不断减少，种群正在不断缩小而濒危。在 2021 年我国公布的《国家重点保护野生植物名录》中，稻属的所有种均被列为国家二级重点保护植物。

　　截至目前，野生的稻属植物约有 19 种，分布在热带和亚热带地区，我国引种栽培稻（*O. sativa*）和光稃稻（*O. glaberrima*）2种，野生分布有普通野生稻（*O. rufipogon*）、疣粒稻（*O. meyeriana* subsp. *granulata*）、药

● 野生稻

用稻（*O. officinalis*）等 3 种，在海南均可见到，成为培育水稻新品种的重要种质资源。海南温热的气候条件使之成为水稻育种的绝佳胜地。

普通野生稻属名来自希腊语"oryza"，意为"稻米"，种加词由"rufi"（红色的）+"pogon"（髯毛的）组成，意指普通野生稻的小穗具有红色长纤毛。普通野生稻为多年生水生或湿生草本，茎丛生或匍匐，下部近海绵质，节处生不定根，高约 150cm。圆锥花序长约 20cm，小穗柄具关节，小穗成熟后易从关节处脱落。主要分布我国海南（海口、三亚等）、广东、广西、台湾和云南，东南亚也有分布，生于池塘、溪沟、藕塘、稻田、沟渠、沼泽等低湿地。

疣粒稻的野外鉴别特征在于：具短根状茎，秆高 30~70cm，压扁状，叶耳明显；圆锥花序简单，直立，长 3~12cm，外稃无芒，表面具不规则小疣点。海南主要分布在琼中西部、三亚东部与保亭交界之地，我国云南以及印度、越南、印度尼西亚、菲律宾也有。生于海岸及林缘坡地。

药用稻别名小粒稻，种加词来自拉丁文"officinalis"意为"药用的"。野外区别特征：秆下部匍匐，高达 150~300cm，叶耳不明显叶片宽大，基部叶的叶舌长不及 6mm，顶端钝圆；圆锥花序大型，长 30~50cm，舒展，小穗长 4~5mm。分布在陵水、保亭和三亚等海南南部，我国广东、广西和云南也有少量分布，东南亚有分布。生于山谷林中。分布范围狭窄，农业开垦破坏严重，自然种群过小。

人们常用"稻稗不分"来形容某些人不懂农业生产。说实在话，如果是还未抽穗，普通人要区分二者也不容易。稗（*Echinochloa crusgalli*）属于禾本科稗属，尽管在系统位置上与地毯草、马塘、雀稗等常见杂草关系更近，但却常与稻长在一起。研究发现，人类对稻的重视和栽培加速了稗拟态稻的进化。稻与稗的千年相争是个永恒的话题，稻有多努力，稗就有多努力，上演着精彩的田间模仿秀。朱熹《劝农书》中记载"禾苗既长，稗草亦生，须是放干田水，仔细辨认，逐一拔出，踏在泥里，以培禾根"。与稻相比，稗的叶片更为光滑无毛，无叶舌和叶耳，叶脉白色。而稻的叶片较为粗糙，叶脉绿色，有叶舌和叶耳。需要仔细察看才能辨认。

植物档案

野生稻，学名 *Oryza rufipogon*，隶属于禾本科稻属，为多年生水生草本，秆高约 1.5 米，丛生或匍匐，下部近海绵质，节处生不定根。叶鞘圆筒形，疏松，无毛，叶舌和叶耳明显，叶片线形，扁平，边缘和中脉粗糙，圆锥花序长约 20 厘米，直立后下垂，小穗柄具关节，小穗成熟后易从关节处脱落，颖果长圆形，易落。

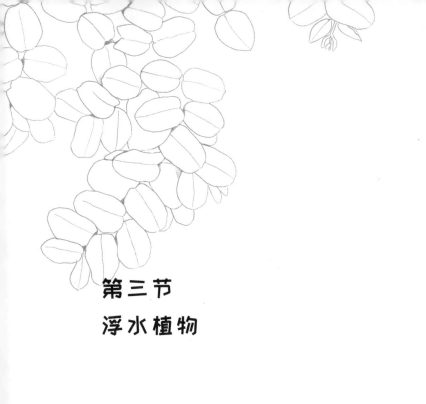

第三节

浮水植物

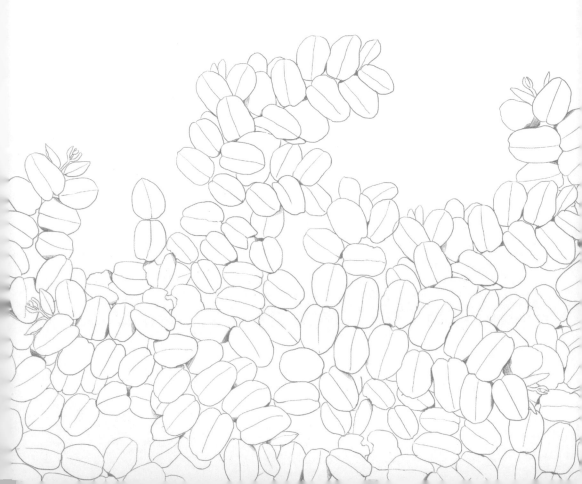

这里的浮水植物是指叶片浮于水面的所有植物，包括浮叶植物和漂浮植物两大类。

浮叶植物常见于浅水处，扎根于水下的淤泥中，地上茎或叶柄细长柔软，不能直立，通气组织发达，且能适应水的深度而延长，使植物叶片漂浮于水面上，如王莲、睡莲、萍蓬草、芡实、荇菜等。海南湿地常见的浮叶植物主要有延药睡莲、金银莲花等。

漂浮植物一般生长在静水区域，根不生于泥中，全株漂浮于水面，可随风漂流。这类植物一般繁殖速度快，常常很快占领水面，如浮萍、紫萍、无根萍、槐叶蘋、满江红、水鳖以及外来入侵植物凤眼莲、大藻等，在海南水体中都可见到。

浮水植物为了漂浮于水面上，体内通气组织一般十分发达。这类植物常常在水面上覆盖度高，使得水下光照减弱，少有沉水植物生长，而形成单一优势群落。

萍水相逢为哪萍——浮萍

公元 675 年（唐高宗上元二年），初唐文学家王勃受邀参加洪州（今江西南昌）滕王阁重修后的宴会，即席赋诗，洋洋洒洒写下一篇著名的千古序文《滕王阁序》，其中有句"关山难越，谁悲失路之人。萍水相逢，尽是他乡之客。"萍随水漂泊，聚散无定，用来比喻人素不相识，因机缘偶然相遇。王勃借此表达了他怀才不遇、生不逢时的郁闷心情。

在《说文解字》中，"萍水相逢""萍"可解释为"一种平浮于水面的草本植物"，同时具备"水生"和"漂浮"两个特性。人们常常将"蘋""萍""苹"相互通用，以孢子进行繁殖的蕨类植物蘋又被称为萍或苹，槐叶蘋也被称作大浮萍，开花结果的被子植物中也有不同的"萍"，如浮萍、紫萍、无根萍等等，那么"萍水相逢"究竟为哪"萍"呢？

经过文献考究，诗词"萍水相逢"的"萍"应该是指野外常见、漂浮水上且形体十分细小的"浮萍"一类的开花植物。我国有三类植物符合这样的特征，分别为浮萍属（Lemna）、紫萍属（Spirodela）和无根萍属（Wolffia），均为水面漂浮小草本，以长圆形叶状体存在，绿色，扁平，叶片退化，极少开花，具膜质佛焰苞，花单性同株，无花被片。早期的《中国植物志》将这三类植物归置入浮萍科（Lemnaceae），现在已全部归属于天南星科（Araceae）。让我们一起走近仔细观察它们吧！

我们首先来看看浮萍属中的浮萍（L. minor）。该种漂浮在水面上，分布最为广泛，常见于我国南北各地的水田、沼泽或其他静水区域，全球温暖地区广布。俗名水萍草、水浮莲、浮萍草、田萍、青萍等。浮萍的属名来源于希腊语 Lemna，意指"一种水生植物"，种加词"minor"（较小的），是指浮萍植株十分迷你。植物体无茎叶之分，称为叶状体。叶状体扁平，对称，直径约 1 厘米，背面垂生丝状根 1 条，白色；叶状体背面一侧具囊，囊内形成新叶状体，随后脱落。由于本种繁殖快，有如李时珍所云："一叶经宿即生数叶"，通常在群落中占绝对优势。

● 浮萍

　　浮萍为良好的猪饲料或草鱼饵料，全株可药用，能发汗、利水、消肿毒，治风湿脚气、风疹热毒、小便不利等。浮萍属全世界共有 13 种，我国有记录 6 种，除了浮萍，海南还有一种单脉萍（*L. minuta*），叶状体仅具一条脉。

　　紫萍属全世界仅 1 种，即紫萍（*S. polyrhiza*），为我国广泛分布种，俗名紫背浮萍、浮萍、水萍草、田萍、萍等，也为水生飘浮草本。叶状体扁平盘状，大小与浮萍相近，但叶背具多数束生的根，叶片背面紫色。属名来自希腊语 "speira"（被缠绕物）+ "delos"（明显的），意指其叶状体被多数束生的根；种加词来自拉丁文 "polyrhizus" 即为 "多根的"。

　　紫萍的根基附近一侧囊内形成圆形新芽，萌发后，幼小叶状体渐从囊内浮出，由一细弱的柄与母体相连。据记载，花序藏于叶状体的侧囊内，佛焰苞袋状，肉穗花序有 2 个雄花和 1 个雌花。分布于我国南北各地，生于水田、水塘、湖湾、水沟，常与浮萍混生，形成覆盖水面的飘浮植物群落。全草也可入药，有发汗、利尿的功效，用于治感冒发热无汗、斑疹不透、水肿、小便不利、皮肤湿热。也可作猪饲料，鸭也喜食，为放养草鱼的良好饵料。

● 紫萍

● 芜萍（无根萍）

　　浮萍、紫萍如同米粒般大小，如果可以称之为"小萍"的话，自然界还有一种"微萍"，也常常漂浮或悬浮在水面上，其叶状体直径仅约 1 毫米，细小如沙粒，没有丝状根，被称为世界上最小的有花植物，它就是无根萍（*Wolffia globosa*）。

　　无根萍隶属于无根萍属，别名芜萍、微萍、沙萍等，常见于我国南北各地静水池沼的水面上。无根萍属全世界有记录 11 种，我国仅有 1 种。《中国植物志》记录该种为芜萍（*W. arrhiza*），《Flora of China》认为记录有误，将其修订为无根萍（*W. globosa*）。其属名是为了纪念德国植物学家沃尔夫（F.T.Wolff，1787—1864 年），种加词来自拉丁文"arrhizus"（无根的），意指"植物没有根"。

　　萍遇到水，便有了蓬勃生机。然而，在海南即将干涸的水塘边，我们见到了重重叠叠大量生长在一起的浮萍、看来没有了水的载体，它们不得不"扎根"生存。知己可遇而不可求，如萍水相逢成为知己，则值得花一辈子去珍惜。

植物档案

　　浮萍，学名 *Lemna minor*，隶属于天南星科浮萍属，水生漂浮植物，叶状体扁平，对称，2 面绿色，直径约 1 厘米，背面垂生丝状根 1 条，无维管束，叶状体背面一侧具囊，囊内生营养芽和花芽，营养芽萌发形成新叶状体，随后脱落。肉穗花序，花单性，雌雄同株，每花序有雄花 2 朵，雌花 1 朵，果实无翅，近陀螺状。

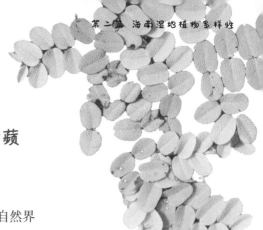

静水漂浮绿蜈蚣——槐叶蘋

除了以上介绍的几类能开花的"萍"外，自然界中还有一类也与"萍"相关但却不开花的蕨类植物，那就是槐叶蘋（*Salvinia natans*），早期曾被记作"槐叶苹"或"槐叶萍"。

● 槐叶蘋

槐叶蘋是一种小型水生漂浮蕨类植物，隶属于槐叶蘋科槐叶蘋属，该属全世界有记载 12 种，广布世界各大洲。我国仅槐叶蘋 1 种，南北各地均有分布。作为槐叶蘋属的模式植物，槐叶蘋的属名 *Salvinia* 是为了纪念意大利教授萨尔维尼教授（A. M. Salvini，1633—1729 年），种加词"natans"意为"漂浮的、浮游的"，是指其植物漂浮在水面上。

与前面介绍的浮萍相比，槐叶蘋明显要大了很多，所以又被称作大浮萍。漂浮于水面上，远看像一个个绿色的蜈蚣，故又叫作蜈蚣漂。其根状茎细长而横走，无真正根系，仅具由叶变态而来的须状假根，起着根的吸收作用。叶片 3 枚轮生，成 3 列，其中上面 2 叶漂浮水面，长圆形，上面密被乳头状突起，外被蜡质，具有明显的"荷叶效应"和自清洁能力。叶边全缘，形如槐叶，故得名槐叶蘋。叶片草质，上面深绿色，下面密被棕色茸毛。下面的那片叶着生于水面以下，细裂成须根状，悬垂于水中。

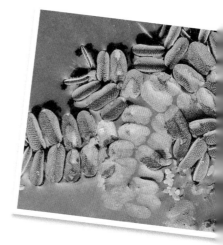

● 槐叶蘋

槐叶蘋不能开花，利用孢子进行繁殖。那么，槐叶蘋是否会像其他陆生蕨类一样，孢子囊生长在叶的

满江红 ●

背面呢？其实不是，槐叶蘋的孢子聚生在孢子果内。孢子果十分"低调"，需要仔细观察才能发现。4~8个孢子果簇生在变态的沉水叶（须状假根）的基部，表面疏生成束的短毛，而且有大小孢子果之分，大孢子果较大，花瓶状，表面淡黄色，生大孢子（雌性），小孢子果近球形，外壁光滑，表面淡棕色，生小孢子（雄性）。

槐叶蘋广布我国亚热带到温带水田、沟塘和静水溪河内。海南有记载，但较为少见。槐叶蘋生长过程中对光照、水深适应性强，但不抗风浪，多生于静水区域。槐叶蘋常用作水面观赏植物，在条件适宜的环境中，无论是有性繁殖还是无性繁殖都很快，可通过围栏适当控制其生长。此外，槐叶蘋全草可入药，煎服，治虚劳发热，湿疹，外敷治丹毒，疔疮和烫伤。

槐叶蘋科除了槐叶蘋属外，还有一类植物——满江红属（*Azolla*）。但满江红属早期独立为满江红科，近些年才被放在槐叶蘋科。该属全世界约 6 种，我国有野生分布满江红（*Azolla pinnata* subsp. *asiatica*）1 种，另外有引种栽培细叶满江红（*A. filiculoides*）。

满江红为羽叶满江红的属下亚种，别名绿萍、红浮萍、三角藻，其属名由希腊语"azo"（使干）+"ollyo"（杀）组成，意指这种植物喜水生环境，遇旱易死。拉丁文种加词来源于"pinnatus"（羽状的）和"asiaticus"（亚洲的），可直译为"羽叶满江红亚洲亚种"。《中国植物志》曾采用 *Azolla imbricate* 这一学名，种加词由"imbricatus"（覆瓦状的）变化而来，意指植物叶片呈覆瓦状排列，但这一学名已被归并。

满江红是漂浮型水生蕨类，常成片密集覆盖于水面，叶片绿色，秋季变成红色，因此别名红萍。其根状茎细长横走，假二歧分枝，向下生出很多悬垂水中的须根。叶鳞片状，微小如芝麻，互生，覆瓦状排成2列，没有叶柄。叶片背裂片长圆形，肉质，绿色，上面密被乳头状瘤突，腹裂片贝壳状，沉于水中。孢子果成对生于沉水裂片上，大孢子果长卵形，内仅含1个大孢子囊和1个大孢子，小孢子果球形，内含多个小孢子囊及很多的小孢子。

● 满江红

满江红主要分布在长江以南各地的稻田、池塘、沟渠、沼泽等静水处，适应性很强，但不抗风浪。具记载，海南湿地早年分布较多，现已极为少见。

满江红与人们生产生活息息相关。满江红常与固氮蓝藻、念珠藻等共生，能固定空气中的游离氮，能增加肥效，是稻田的优良生物肥源。在条件适宜的环境中自然繁殖速度很快。人们常用于覆盖水面，使得泥土不外露，秋季变成红色，起到美化景观的作用。满江红富含营养成分，还可做家禽、家畜的饲料。可净化污水。还可入药，具有清热解毒、活血止痛的功效，用于痈肿疔毒、瘀血肿痛、烧烫伤。

2023年春节电影贺岁片《满江红》火爆上映，总票房数亿，在关注这部影片的同时，不少人在思考这部影片名字的来源。众所周知，宋代的词作十分著名，不同的词有不同的格式，于是就有了不同的词牌名。"满江红"是宋词的词牌名，岳飞的《满江红·写怀》为其经典代表作。但"满江红"成为南宋词作的词牌名，来源说法不一。无论是为了咏满江红这种水草，还是咏秋冬时节江上满江一片红色的江景，无一不与满江红这种植物有关。当然，也有人认为，"上江虹"为曲名，"上""虹"二字后被变更而得名"满江红"这个词牌名。因为这部影片，使得南宋名将岳飞的真实故事及其《满江红·写怀》词作变得家喻户晓，我们期待自然中的原生物种满江红也能为更多人知晓。

植物档案

槐叶蘋，学名 *Salvinia natans*，隶属于槐叶蘋科槐叶蘋属，为小型漂浮植物，茎细长而横走，无真正根系，仅具由叶变态而来的须状假根。叶3枚轮生，成3列，其中上面2叶漂浮水面，长圆形，上面密被乳头状突起，边全缘；另1叶着生与水面以下，细裂成须根状，悬垂于水中。孢子果4~8个簇生于沉水叶的基部，大孢子果较大，花瓶状，小孢子果近球形，表面淡黄色。

水面漂浮"缩头龟"——水鳖

不知大家还是否记得前面提到的淡水沉水植物苦草、茨藻、洁身自好的水菜花以及浅海沉水植物喜盐草、海菖蒲、泰来藻等，它们都是水鳖科家族的水生植物，具有一些共同的形态特征，如生长在水中，茎直立短缩、具有佛焰苞，花多单性，辐射对称，3基数，子房下位，果实肉果状。

水鳖科是一个不小的家族，全部为水生植物，全世界约有18属120种，我国有分布12属40种。除了前面了解的那些代表物种，作为科长级的水鳖是什么样子的呢？水鳖，听名字极容易让人联想起那个动物鳖，但这里的水鳖是指一种植物，一起来了解水鳖这个物种本尊的故事吧。

● 水鳖

水鳖（*Hydrocharis dubia*），隶属于水鳖属，原产亚洲和大洋洲。属名来源于希腊语"hydor"（水）+"charis"（偏爱），意指本属植物生于水中，种加词来自拉丁文 dubius，意为"可疑的"，可能意指其叶片近圆形，边全缘，形态极似鳖科动物的龟壳，故名水鳖。

根据最新的文献记载，水鳖属植物全世界有5种，我国仅此水鳖1种有野生分布，华东、华中和华南均有分布，生于静水池沼中。水鳖，别名马尿花、苤（fú）菜，为浮生于水面上的一种草本植物，根悬浮于水中，匍匐茎横走于水面，其顶端能生芽，并可生越冬芽。叶簇生，漂浮于水面，叶柄长，叶圆形，基部心形，叶边全缘，背面有蜂窝状隆起的贮气组织，呈卵形，叶背还有发达的气孔。每年的8~10

水鳖 ●

● 水鳖

月，可见其花和果。花单性，雌雄同株，萼片3枚，花瓣3枚，白色，基部黄色。雄花序腋生，具花序梗，佛焰苞2枚，膜质，透明，具红紫色条纹，苞内含雄花5~6朵，逐一开放；雌佛焰苞小，内生雌花1朵，花大，直径约3厘米，花柱6枚，柱头扁平，2裂，子房下位。果实椭圆形，为浆果状蒴果，成熟时顶端不规则开裂。

　　水鳖为常见的水生花卉，用越冬芽进行无性繁殖为栽培的主要方法。水鳖具有较强的水质净化能力，其植株尤其是叶片具有较高的观赏价值，叶色翠绿，常用于人工湖造景，可作饲料及用于沤绿肥，幼叶柄也可作蔬菜，而且水鳖全株可供药用。

植物档案

　　水鳖，学名 *Hydrocharis dubia*，隶属于水鳖科水鳖属，为浮水草本，匍匐茎横走，顶端生芽，叶簇生，叶柄长，叶圆形，基部心形，全缘，背面有蜂窝状贮气组织及气孔；花单性同株，花瓣3枚，白色。雄花序腋生，具花序梗，佛焰苞2枚，膜质，透明，雄花5~6朵；雌佛焰苞小，雌花1朵，花大，直径约3厘米，蒴果浆果状，顶端不规则开裂。

珍稀林泽女神——延药睡莲

在古希腊和古罗马，睡莲与中国的荷花一样，被视为圣洁、美丽的化身，也有"圣洁之物，出淤泥而不染"之说。在古埃及神话里，太阳是由睡莲绽放诞生的，睡莲因此被奉为"神圣之花"，成为遍布古埃及寺庙廊柱的图腾，象征着"只有开始，不会幻灭"。

这里的睡莲为睡莲科睡莲属植物的统称，为多年生的水生浮叶型草本植物。睡莲的属名 *Nymphaea* 来自古希腊语单词"Νύμφη"（nympha），意为"宁芙"。宁芙是希腊神话中生于山林水泽间的美丽女神，深受众人的喜爱。她们出没于山林、湖泊、沼泽之间，是一群自然的精灵，部分幻化成睡莲，漂浮在水面上，静待花开。于是，睡莲便有了"林泽女神"之称，其英文名为 waterlily，可直译为水百合，意指睡莲的花朵像百合一样大而美丽。

因为它们娇美无比，故经常出现在古今中外文人墨客的笔下，比如"本是天庭粉红仙，倾心一恋动尘寰。傲骨中通叹风雨，岂肯昏睡在人间。""红粉伊人枕波眠，风掀碧裙任缠绵。水晶珠儿滚入梦，丝丝朝阳透绿帘。"无一不将睡莲的气质和拟人化的情感描绘得淋漓尽致。其花语为洁净、纯真和妖艳。

睡莲属为世界广布属，可分为热带种类（热带睡莲）和温带种类（耐寒睡莲），生活习性有较大差异。全世界约有 58 种，很多种类在我国有引种栽培用作观赏。我国约有 5 种原生种，分别为睡莲（*N. tetragona*）、延药睡莲（*N. nouchali*）、雪白睡莲（*N. candida*）、

白睡莲（*N. alba*）以及齿叶睡莲（*N. lotus*）等9种，其中雪白睡莲为国家二级重点保护野生物种。据记载，延药睡莲在海南海口、万宁、昌江、三亚和乐东等地有自然分布。

延药睡莲多见于气温较高、阳光充足、海拔较低的池沼，主要生长在水深0.2~1.6米的静水或水流缓慢的水体中，为多年生水生草本，别名星花睡莲、蓝睡莲或曼奈儿花。根和茎浸没在水里，短而肥厚，土豆般大小。睡莲属植物的叶片为二型叶，有沉水叶和浮水叶之分，两者形态相差很大。延药睡莲的沉水叶披针形到箭形，膜质，浮水叶片近圆形，漂浮在水面上，边缘起伏具波状齿，背面紫红色，叶柄盾状着生。

延药睡莲一般白天开花，晚上闭合，花清婉雅致，美丽而幽香，十分超凡脱俗，具有重要的观赏价值。花萼和花瓣外观棱角状，如星芒状放射，故又名星花睡莲。花瓣内轮渐变成雄蕊，雄蕊金黄色，花药药隔先端具有长附属物，故中文名为延药睡莲。延药睡莲与柔毛齿叶睡莲形态相近，常常弄混，后者花药先端不延长。

延药睡莲原产亚洲热带和亚热带、非洲东部和澳大利亚北部，是孟加拉国和斯里兰卡的国花。它美丽的花朵在梵文、巴利语和僧伽罗语的文学作品中被作为"美德""纪律"和"纯洁"的象征。延药睡莲花色高雅而芳香，在我国仅分布东南部和中南部，在海南的数量稀少，且分布十分零散，是一种亟待重视和保护的水生珍稀濒危植物。

延药睡莲不仅能净化水体，它的根状茎富含淀粉，在印度常被当作饥荒食物或药用植物，主要用来治疗消化不良。值得注意的是，像所有的睡莲一样，它的根状茎、叶片和大部分植物体都是有毒的，含有一种叫作nupharin的生物碱，但可以通过煮沸来中和从而减少毒性。`因此，可以煮着吃，也可以和咖喱一起拌着吃。越南

● 延药睡莲

人也将它们烤着吃。印度人常将植株收集后干燥用作动物饲料。由于其观赏、食药用等经济价值及生态价值，延药睡莲等睡莲属植物常被栽培用作水体景观植物。

睡莲属的模式种睡莲在我国广泛分布，海南有记载，但我们在海南未发现野生分布。该种叶边全缘，背面红色，花较小，直径3~4厘米，约为延药睡莲花朵大小的1/4，花白色，芳香。

睡莲家族不仅花朵美丽，其内在的"知时"能力也非常有趣。花瓣能够感知光线的强弱而有规律地运动。一般分布纬度较高的耐寒睡莲花朵昼开夜合，而很多的热带睡莲会选择昼合夜开，所以白天看到它们时是闭合的。我国所产的睡莲（比如延药睡莲）白天开放、夜晚闭合，因此，中文称之为"睡莲"，同时又有子午莲之称。不同种类的睡莲花开放时间不同，与它们所处的环境是密切相关的，都是为了更好地适应传粉活动。耐寒性睡莲白天开放可以更好地吸引传粉昆虫，并避免夜晚花粉变湿。夜晚开放的热带睡莲则可避免正午高温对花及花粉的灼伤，还可吸引同样为了躲避高温而在夜间活动的动物传粉。更有趣的是，一些睡莲还会通过花瓣的关闭，将昆虫"囚禁"在花内过夜，从而更好地沾染花粉，达到提高传粉效率的目的。

园艺栽培时，常常通过一定的处理来改变睡莲开放的时间，比如用一定浓度的赤霉素处理睡莲，就能让本该在傍晚"睡觉"的花朵持续开放，显著增长开花时间。

此外，我们常常见到水面上清新的花朵，却见不到其果实。睡莲的果实去哪儿啦？原来，睡莲属植物的花梗细长，在开花后会螺旋状卷曲，将受精后的子房拉到水下生长发育，结出球形的果实。睡莲的果实为海绵质的浆果，在水面下成熟后，种子浮上水面随水漂浮。如果你有一盆透明玻璃缸栽种的睡莲，赏叶赏花之余，也可以仔细观察水下的果实哦！

植物档案

延药睡莲，学名 *Nymphaea nouchali*，睡莲科睡莲属，多年生浮水草本，根茎短而肥厚，叶有沉水叶和浮水叶，浮水叶近圆形，基部有弯缺，边缘具波状钝齿或全缘，叶背带紫色，花常挺出水面，白色带蓝紫色或紫红色，花药药隔先端具有长附属物，浆果。

● 延药睡莲

百年重现珍稀荇菜——海丰荇菜

荇（xìng）菜，常被称为莕菜，是一类属于睡菜科荇菜属（*Nymphoides*）的多年生浮叶水生草本。该种具根茎和伸长茎，叶片圆形或心形，浮于水面，花簇生于叶腋上，高出水面，两性花，种子在水下成熟。该属发表于1754年，其属名"*Nymphoides*"为"像睡莲的"，意指其叶片生长形态像睡莲。

● 海丰荇菜

荇菜属为世界广泛分布属，全世界有记录56种，广布于全世界的热带和温带。我国有记录7种，其中金银莲花（*N. indica*）、水皮莲（*N. cristata*）、刺种荇菜（*N. hydrophylla*）、海丰荇菜（*N. coronata*）4种在海南有野生分布，而海丰荇菜的发现和命名堪称一段植物发现史的经典传奇。

故事要从100多年前说起。1912年，Dunn基于一份采自广东东北部并收藏于香港标本馆的不太完整的标本发表一新种——海丰荇菜（*Limnanthemum coronatum*）。1995年《Flora of China》认为它可能为荇菜（*N. peltata*）。因为该种的描述仅基于模式标本的照片，而且后来数十年在野外没找到任何活体植物，《广东植物志》将它处理为存疑种。

2013年12月，中国科学院武汉植物园在海南文昌翁田镇龙马村的池塘或小沟渠中，采集到一种荇菜属植物，经过形态解剖和综合比较分析，确定该植物为消失了上百年的海丰荇菜，还对植物重新进行了详细描述和学名修订，才使得本种时隔百年重新出现在了人们的视野。

海丰荇菜最早在广东东北部报道之后，由于人类活动、栖息地破坏和环境污染的影响，该种群在当地已经灭绝。海南的重新发现对研究中国和世界睡菜科植物的

系统发育和生物地理学具有重要意义。据 2014 年的
报道，海丰荇菜居群并不大，在大约 600 平方米
的地方有不到 120 株。根据 IUCN（2012）物
种濒危等级划分标准，确定其为中国特有的
水生植物极度濒危种（CR）。

● 海丰荇菜

　　海丰荇菜全株无毛，茎纤细，深红色，叶
片全缘，上面绿色，下面略为紫色，基
部延伸为抱茎的叶鞘。花聚生叶腋，每节通常花
2 朵，花具长梗，花冠基部具毛状附属物，有长短
花柱之分，长花柱柱头裂片流苏状，短柱花的柱头裂片指
状。蒴果不裂，具宿存花柱。喜生于浅水或湿地沼泽的沙质土壤。

　　在海南湿地植物调查过程中，我们也一直留意着海丰荇菜的出现。2023 年 2 月
17 日临近傍晚时，在文昌昌洒镇昌图村附近的湿地沼泽找到了它们细小的身影。它们
寥寥数株藏身于一片低矮草本植物中，与谷精草（*Eriocaulon buergerianum*）、地毯草
（*Axonopus compressus*）、天胡荽（*Hydrocotyle sibthorpioides*）、中华石龙尾（*Limnophila
chinensis*）以及食虫植物挖耳草（*Utricularia bifida*）等植物一起，在人和动物的踩踏
和干扰中顽强地生活着。

　　除了海丰荇菜，金银莲花也是我们重点调查和关注的对象。金银莲花的种加词
"indica" 意指其模式标本采自印度，中文名又称为印度荇菜或印度莕菜。多朵小花
簇生于叶腋，呈雪白色，故又名白花荇菜或白花莕菜。其白色花冠 5 裂，裂片成流
苏状，密被流苏状长柔毛，整体呈现雪花状，故英文名为 water snowflake（水雪花）。

　　金银莲花根植于水体底部土壤，根状茎短，茎丛生，不分枝，直立水下，圆柱
形，形似叶柄；顶生 1 叶，叶似睡莲，椭圆形至心形，革质光滑，漂浮于水面，下
面密被腺体，在叶片上面常生无性小珠芽，珠芽脱落后可形成新的植株。一株植株
可长出几朵花，但一朵花只持续一天。

　　异型花柱现象是自然界中十分有趣且奇特的现象，是科学家们研究的重点。观察
发现荇菜属也出现异型花柱现象。荇菜属植物为两性花，在适应性进化过程中发生

趋异进化，产生长柱花和短柱花。长柱花的花柱远高于雄蕊，柱头较大，发育正常，而雄蕊的花丝短或近缺无，花药小，趋于退化；短柱花的情形正好相反，雄蕊发育，雌蕊退化。通过花药和柱头在空间上相互分离，阻止了相同形态类型植物之间的杂交，导致两型花柱植物多为自交和同型不亲和。由于形态上的差异，导致生殖功能产生差异，致使花趋于单性，有可能进一步产生雌雄异株的种类。海丰荇菜、金银莲花等植物均出现二型或异型花柱现象。荇菜属植物广布于世界的热带至温带，形态有较大差异，其花柱异型现象是研究系统演化的极好材料，具有重要的湿地植物保育价值和科研价值。

● 金银莲花（短柱花）

● 金银莲花（长柱花）

据记载，海南还有水皮莲和刺种荇菜的野生分布。其中水皮莲与金银莲花形态较为相似，但水皮莲花较小，仅为金银莲花的1/2，花冠腹面没有流苏状长柔毛，仅在喉部具5束长柔毛和隆起的纵褶，达到裂片两端，且蒴果近球形，种数少，黄色。刺种荇菜的花为白色，花冠裂片边缘具睫毛。

荇菜属植物多生于浅水中，花朵形态十分奇特，具有重要的观赏价值。每年的夏秋季，荇菜属植物的花会在碧波绿叶间生出幼小娇柔的白色或黄色小花，星星点点，洒满整个水面，随风荡漾，摇曳生姿，带给人一种花欲静而风不止，景有尽而意无穷的美感。

植物档案

海丰荇菜，学名 Nymphoides coronata，睡菜科、荇菜属，小型水生植物，全株无毛，根状茎短，茎纤细，深红色，有分枝，叶片浮在水面，全缘，背面紫色，基部延伸为抱茎的叶鞘。花序聚伞状，每节常生2朵花，花梗长5~7厘米，5瓣，花冠金黄色，花瓣边缘宽膜质和流苏状，顶端二裂；柱头2浅裂，长柱花柱头裂片流苏状，短柱花柱头裂片指状。蒴果不裂，具宿存花柱。

第四节
湿生植物

　　湿生植物，又可称为耐水湿植物或喜湿植物。这类植物生长在水池或小溪边、湿润的土壤里，但是根部不能浸没在水中。喜湿性植物不是真正的水生植物，只是它们喜欢生长在有水的地方，根部只有在长期保持湿润的情况下，它们才能旺盛生长。

　　海南湿地植物种类丰富多样，常见植物主要有泥炭藓、凤尾藓、湿地藓、地钱等苔藓植物，有毛蕨、菜蕨、光叶藤蕨等蕨类植物，还有中华石龙尾、野芋、抱茎白点兰、碎米荠、地毯草、谷精草、鸭跖草、竹节菜等大量的被子植物，其中包括猪笼草、长叶茅膏菜、锦地罗、挖耳草等野生食虫植物。

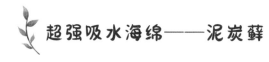

超强吸水海绵——泥炭藓

从水生到陆生的跨越，从低等植物到高等植物质的飞跃，苔藓无疑是地球生命进化史上最重要的里程碑之一，也是植物进化史的关键节点类群。

众所周知，苔藓是一类较为矮小的不开花的草本植物，处于高等植物系统发育中的基部位置，较为原始。大约在4亿年前，苔藓开始出现并陆续登上荒凉、炎热、被紫外线笼罩的陆地，进而迅速分化占据陆地上的各个角落。但是，由于没有维管束，无法进行长距离的水分和养料的运输，苔藓成为植物进化树上的一个盲枝。苔藓的植株十分低矮，被称为"植物界的小矮人"，偏安一隅，但凭借着顽强的生存能力，在地球生态系统中扮演着重要的角色，起着不可忽视的生态作用。

作为苔藓植物进化树上的基部类群，泥炭藓（*Sphagnum* spp.）是一类特殊的多年生藓类植物，隶属于泥炭藓科。泥炭藓属由植物分类学之父林奈于1753年命名，其属名来自希腊语"sphagmos"（苔藓）。该属全世界共380余种，世界各地广布，我国目前有记录46种，多分布在我国东北，常成片生长在高山沼泽、湿润的林下或水沟边的草丛中，常地毯状成片生长。海南有记载拟尖叶泥炭藓（*S. acutifolioides*）、密叶泥炭藓（*S. compactum*）、暖地泥炭藓（*S. junghuhnianum*）、卵叶泥炭藓（*S. ovatum*）、泥炭藓（*S. palustre*）、拟宽叶泥炭藓（*S. platyphylloides*）等6种。

泥炭藓的主茎匍匐，长可达1米，茎上多丛生分枝，灰白色；叶片密集着生，在水分充足的地方能不断吸收和储存水分。不论是活体还是死亡的植株，储存的水分能达到自身体重的20倍以上。其超强的吸水、保水能力一直受到园艺界的青睐，被广泛用于兰花等包裹材料和栽培基质，尽管泥炭藓属于藓类植物，园艺界仍称之为水苔。

泥炭藓为什么会有如此大的吸水能力呢？如果将泥炭藓叶片取下来放在显微镜下观察，就会发现他们的秘密。与其他大多数藓类植物一样，泥炭藓没有真正能吸收水分的根，植株吸水完全依赖叶片来完成。在光学显微镜下可以见到，泥炭藓的叶片

● 泥炭藓

为单层细胞，由大型透明细胞和线形的绿色细胞相间排列而成。绿色细胞含有叶绿体，负责进行光合作用。而透明细胞为失去生命特征的死细胞，细胞壁加厚，可快速大量快速吸收和存储水分，在环境干燥时又可缓慢释放水分。因此，泥炭藓在常年空气湿度大的潮湿生境会逐渐吸收空气中的水分保存体内，促进湿地沼泽化，推动了高山湿地沼泽的形成并成为优势种群。但在环境湿度小的低地沼泽，泥炭藓形成大面积垫状群落，像超级海绵一样，逐渐吸干沼泽中的水分，促进沼泽的陆地化。由于泥炭藓有着像海绵一样的储水能力，因而很早就被广泛用于改善土壤的质地、透气性、储水性和酸碱度，是理想的天然土壤水分"调节器"。

泥炭藓每年都会不断长出新的植株，常成片生长，层层叠叠。下部的植物体死后会逐渐腐化，并经过长时间的挤压、碳化和沉积，与其他植物一起逐渐形成可燃烧的泥炭，这便是中文名称"泥炭藓"的由来。泥炭藓和泥炭土在农业和园艺生产中有不可替代的用途，特别是在高端花卉（如兰花）的培育和运输中发挥了重要的作用，常用作栽培介质。

泥炭藓为不能开花的孢子植物，但会在分枝顶端或叶腋伸出一根根奇怪的"火柴棍"，而且不同种类的"火柴棍"长短不一，那是泥炭藓的孢蒴，是泥炭藓的有性繁殖器官。泥炭藓没有真正的蒴柄，类似蒴柄的结构是孢蒴成熟后由基鞘下部发育而成的假蒴柄。每一个圆球形的孢蒴里面能容纳数百个孢子，孢子在成熟时会借助孢蒴内外的压力差而弹射出来。有研究发现，泥炭藓的孢子会以独特的涡环方式，

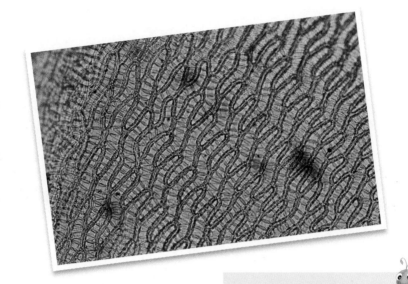

泥炭藓 ●

"噼啪"一声以高达每秒 3.6 米的速度喷出，
堪称为迷你版的火箭发射。

泥炭藓的叶片细胞结构和由密集叶片
构成的巨大表面不仅可以高效储水，而且有
独特的吸附大气污染物的能力。早在 20 世
纪 60 年代，泥炭藓就被用于大气污染的生

植物档案

泥炭藓，学名 *Sphagnum* spp.，隶属于
泥炭藓科泥炭藓属，多年生藓类，主茎匍
匐，长可达 1 米，茎上多丛生分枝，灰白
色，叶片密集着生，叶片由大型透明细胞
和线形的绿色细胞相间排列而成，雌雄异
株，精子器球形，集生于雄株短枝顶端，
颈卵器生于雌株头状枝丛内。孢子体具假
蒴柄，孢蒴呈球形，成熟时棕褐色，具蒴盖。

物监测。此外，泥炭藓还可以通过吸收阳离子（如钙和镁）和释放氢离子来酸化其周
围环境。泥炭地土壤呈不同程度的酸性，因此可用于盐碱地土壤改良。而且泥炭藓
中含有泥炭酸和泥炭酚等有特殊抗菌性的抑菌物质，可以有效抑制菌类的生长。消
毒后的泥炭藓可代替药棉敷在伤口上，有杀菌和促进伤口愈合的功能，在第一次世
界大战期间曾被各国军队大量使用。据《浙江药用植物志》记载，泥炭藓消毒后可
作纱布的代用品和外科上的吸收剂。

由于泥炭藓的经济价值不断被开发和利用，许多湿地野生的泥炭藓遭到了大量
采收，严重破坏了湿地生态环境和自然资源。由于泥炭藓生长缓慢，一旦破坏就
很难恢复。2021 年公布的《国家重点保护野生植物名录》中首次将多纹泥炭藓（*S.
multifibrosum*）和粗叶泥炭藓（*S. squarrosum*）列为国家二级重点保护植物，以期不断
提升公众的环境保护意识，共同保护我国优质的自然资源。

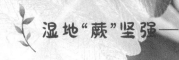

湿地"蕨"坚强——毛蕨

● 星毛蕨

有一类植物，见证了地球上4亿年的历史沧桑。它们的出现，象征着植物进化史的一次伟大飞跃。拳卷的幼叶是它们的身份象征。它们就是蕨类植物。

蕨类植物是一类不开花的孢子植物，与我们常见的种子植物不同的是，刚生出的幼叶似紧握的拳头，又似螺旋状的棒棒糖，随着时间的前行慢慢展开，成为形态各异的羽状复叶。待到成熟时，大多数蕨类植物的叶片背面便会生出无数的星星点点，并按照一定的规律排列，每一团孢子囊里装满了繁衍后代的孢子。孢子成熟后随风飘散，一旦遇到适宜的环境便萌发成小小的心形叶状体，被称为原叶体。原叶体上经过两性的结合后萌发产生新的植株。

蕨类植物多生长在山谷林下阴湿之地，但开阔的湿地中成片生长的蕨类植物并不多。在海口的白水塘附近的开阔湿地，一大片蓬勃生长的蕨类植物十分引人注目。拳卷的幼叶尚未完全开展，翠绿的叶片从基部伸出，直直地向上伸展，叶片摸起来较为粗硬。我有些惊讶，一种柔弱脆嫩的毛蕨（*Cyclosorus interruptus*）经过阳光的长期磨炼后竟然会变得如此粗壮和坚挺。

毛蕨隶属于金星蕨科毛蕨属，为毛蕨属的模式种，多年生中型草本植物，高可达1米以上，根状茎横走。叶片从根状茎的节部伸出，叶柄长长的，十分光滑；叶片呈现二回羽状分裂，上面光滑，下面沿叶脉疏生柔毛。与大多数属蕨类植物一样，孢子囊群生于成熟叶片的背面。毛蕨的孢子囊群生于侧脉中部，近圆形，有规律地排列着，成熟时褐色，成为物种识别的主要标志。毛蕨在我国主要分布于福建、台湾、江西、广东、广西、海南和云南，喜欢温暖的湿地。

毛蕨的属名 *Cyclosorus* 来自希腊语"kyklos"（圆形的）+"sorus"（堆），意指其孢子囊群圆形。种加词"*interruptus*"意为"间断的，参差的"，是指其孢子囊群参差间断分布叶片背面，故《海南植物志》中记录为"间断毛蕨"。

金星蕨科叶片为同型叶，即没有营养叶和孢子叶之分。孢子囊群生长在叶片背面，多为圆形，如同星星般按一定方式排列，故得名。毛蕨属为金星蕨科中的最大属，分类十分复杂，全世界约 250 种，广布于热带和亚热带地区，亚洲是其主要分布地。《中国植物志》记载该属我国有 127 种，《中国生物物种名录》（2023）版最新统计我国有 57 种，其中毛蕨本种被列为水生植物，在检索表中首先就与其他陆生毛蕨属植物区分开来。

有意思的是，近年的分子系统研究表明，毛蕨与本属的其他物种关系较远，而与金星蕨科星毛蕨属的星毛蕨（*Ampelopteris prolifera*）关系更近，而星毛蕨也在海南有记录，生于阳光充足的溪边河滩沙地上。

星毛蕨为蔓状蕨类，植株可高达 1 米以上，根状茎长而横走。叶柄禾秆色，坚硬，叶片披针形，一回羽状，羽状边缘浅波状，叶轴顶端常延长成鞭状，着地生根，形成新株，而且羽片腋间常有鳞芽，也可形成新植株。另外，如果仔细观察星毛蕨的叶脉形态，也可明显区别于毛蕨。星毛蕨的孢子囊群与毛蕨较为相似，也为近圆形，着生侧脉中部，成熟后汇合，但孢子囊群无盖。

海南金星蕨（*Parathelypteris subimmersa*）是金星蕨科金星蕨属形体最大且最为奇特的一种蕨类。植株可高达 3 米；叶基生，叶柄长可达 1 米，基部被长约 1 厘米、厚而坚硬的披针形鳞片，叶片长圆状披针形，二回羽状深裂。孢子囊群圆形，背生于

毛蕨

侧脉中部。海南金星蕨最早由中国蕨类植物之父秦仁昌院士于1936年发表，其模式标本是由刘心祁先生1933年采自海南昌江。野外数量十分稀少，我国仅分布于海南。2004年在相关文献中曾被认为已经在中国灭绝，2012年我们在海南昌江开展植物考察时重新发现这个奇特的物种。

除了毛蕨、星毛蕨外，海南湿地常见的蕨类植物还有金星蕨科的溪边假毛蕨（*Pseudocyclosorus ciliatus*）、碗蕨科的毛轴蕨（*Pteridium revolutum*）、凤尾蕨科的水蕨（*Ceratopteris thalictroides*）、乌毛蕨科的光叶藤蕨（*Stenochlaena palustris*）、蹄盖蕨科的菜蕨（*Diplazium esculentum*）等，其中菜蕨的嫩叶可以食用，经常出现于人们的餐盘中。

植物档案

毛蕨，学名 *Cyclosorus interruptus*，隶属于金星蕨科毛蕨属。根状茎横走，叶基生，叶柄长约70厘米，光滑，叶片卵状披针形，近革质，先端渐尖，二回羽裂，顶生羽片三角状披针形，羽裂达2/3，侧生中部羽片无柄，叶片上面光滑，背面疏生柔毛。孢子囊群圆形，生侧脉中部。

● 毛蕨

大型攀缘蕨——光叶藤蕨

蕨类植物多以直立的草本为主，攀缘附生的蕨类种类不多。光叶藤蕨（*Stenochlaena palustris*）是一类典型的高大攀缘蕨类植物，隶属于乌毛蕨科光叶藤蕨属。由于海南优越的气候环境，光叶藤蕨的生长十分旺盛，具有明显的竞争优势。我们在海口玉符村、潭丰洋湿地等处见到了大片生长的光叶藤蕨，攀附于其他植物上，形体较为庞大，常形成优势群落。

● 光叶藤蕨

光叶藤蕨属主要分布在东半球热带和亚热带地区，全世界有记录6种，《中国植物志》曾记载我国有海南光叶藤蕨（*S.hainanensis*）和光叶藤蕨2种，但海南光叶藤蕨目前已被归并入光叶藤蕨。因此，我国仅光叶藤蕨1种野生分布。

光叶藤蕨的属名来自希腊语"stenos"（狭窄的）+"chlaina"（外衣），是指该类植物的孢子囊群盖狭小。其拉丁种加词"*palustris*"意为"沼泽的"，指该种主要生长在湿地沼泽生境。光叶藤蕨，别名海南光叶藤蕨，为高大附生藤本，根状茎粗壮坚硬并木质化，横走或向上攀缘，顶端被鳞片。叶片有营养叶和生殖叶之分，多为奇数一回羽状复叶，光滑无毛，叶柄较长，羽片多数，革质。不育叶的羽片较宽，

光叶藤蕨 ●

中部羽片最长，近无柄，长可达

15厘米，宽3厘米，顶端渐尖，基部圆楔形，

边缘具锐锯齿，基部上侧有1小腺体；能育叶的羽片线

形，全缘，边缘稍反卷，褐色的孢子囊群满布羽片下面。

　　光叶藤蕨在海南湿地十分常见，我国广东、香港、云南以及东

南亚地区也有记录，与同属的其他种类一样，为典型的热带蕨类植物。

　　蕨类植物多生于林下阴湿之地，在海南湿地能见到不少种类，海南湿地

的乌毛蕨科植物除了光叶藤蕨之外，还可见到乌毛蕨（*Blechnopsis orientalis*）等。

　　值得一提的是，蕨类植物中还有一种光叶蕨（*Cystopteris chinensis*），与光叶藤蕨

为亲缘关系较远且完全不同科属的物种，切莫混淆了哦！光叶蕨隶属于冷蕨科的冷

蕨属，为小型蕨类植物。光叶蕨为我国四川西部特产，生林下阴湿处，数量十分稀

少，被列入我国一级重点保护野生植物。

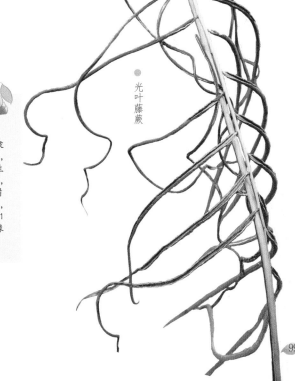

光叶藤蕨

植物档案

　　光叶藤蕨，学名 *Stenochlaena palustris*，隶属于乌毛蕨科光叶藤蕨属，为高大附生藤本，根状茎粗壮坚硬并木质化，叶有营养叶和生殖叶之分，为奇数一回羽状复叶，光滑无毛，叶柄较长，羽片多数，革质；不育叶的羽片较宽，中部羽片最长，近无柄，顶端渐尖，基部圆楔形，边缘具锐锯齿，基部上侧有1小腺体；能育叶的羽片线形，全缘，边缘稍反卷，褐色的孢子囊群满布羽片下面。

湿地鬼灯笼——倒地铃

每年的秋冬季节，很多的超市中会上新一种称作"红姑娘"的奇特水果，果色绛红，酸甜可食，不知大家有没有吃过。杨慎《丹铅总录·花木·红姑娘》引明徐一夔《元故宫记》："金殿前有野果，名红姑娘，外垂绛囊，中空有子，如丹珠，味酸甜可食，盈盈绕砌，与翠草同芳，亦自可爱。"

在植物学上，这种植物为茄科酸浆属的酸浆（*Alkekengi officinarum*），为多年生直立草本，花白色，花萼钟状，5裂，结果时增大成囊状，完全包围里面的球形浆果，像个气泡，但外包有 10 条纵肋，成熟时红色，撕开膜质外包可见里面 1 颗红色的浆果。浆果是可以食用的，酸酸甜甜的，别有一番风味，是我国地地道道的原产水果，常被人工种植。酸浆因为其特殊果实形态且酸甜可食，受到人们的欢迎，也因此有着一堆的俗名，比如泡泡草、洛神珠、灯笼草、红姑娘、香姑娘、酸姑娘、天泡子、金灯果等等。在我国较为广泛分布，常见于空旷之地，海南有记载，但在湿地并不多见。

● 倒地铃

然而，海南的湿地，有一种植物的果实为三瓣形的圆灯笼状，乍一看与酸浆有几分神似，它就是无患子科的倒地铃（*Cardiospermum halicacabum*）。2021 年 5 月，海南湿地植物考察时，有人脱口而出"这就是超市里卖的红姑娘！"可撕开膜质的"灯笼"外壳，才发现里面并不是我们期待的美味酸甜的浆果，而是 3 颗黑黑的、

绿豆大小的种子，而且灯笼是由3个相对独立的
空间组成，每室的中轴中部都生有1颗种子。

● 酸浆

后来，我们将倒地铃与酸浆做了个全面的
比对，两者在形态上还是相差很远的，各自属
于不同的科属，亲缘关系较远。

倒地铃隶属于无患子科倒地铃属，为草质
攀缘藤本，茎、枝都为绿色，具明显的条棱。叶
片也明显不同于酸浆的单叶，而是二回三出复
叶。更为不同的是，倒地铃的圆锥花序总花梗的
第一对分枝变态为螺旋状的卷须；花单性，花
冠白色，花梗极长；果实为蒴果，外面的膜质外
壳为其果皮，里面黑色的黑豆粒为种子，3粒种子分
别居住同等大小的"小房"。而酸浆的果实为浆果，外面的膜质外壳是其钟状萼片
果期膨大而成，里面的红色果实居住的是一间"大房"。

倒地铃为倒地铃属的模式种，因果实膨胀成囊状，陀螺状倒三角形，别名为鬼灯
笼、包袱草、野苦瓜等。分布在美洲热带，我国野生分布仅倒地铃1种，生长于田
野、灌丛和林缘湿润之地。海南海口、三亚等地可见。据文献记载，花期夏秋，果
期秋季至初冬，可是我们在5月下旬见到了花和果实。

据记载，倒地铃的全株可入药，味苦，性寒，有散瘀消肿，凉血解毒等功效，用
于跌打损伤、疮疖痈肿、湿疹、毒蛇咬伤。

植物档案

倒地铃，学名 *Cardiospermum halicacabum*，隶
属于无患子科倒地铃属，为草质攀缘藤本，叶柄
长3~4厘米，叶片互生，二回三出复叶，圆锥花
序腋生，总花梗长而直，第一对分枝变态为螺旋
状卷须。花单性，具细长、有关节的花梗，花瓣
4枚，乳白色；雄花的雄蕊8枚。蒴果膨胀成囊状，
陀螺状倒三角形，果皮膜质，外有脉纹，3室，
每室具1粒种子，种子球形，成熟时黑色。

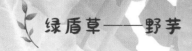

野芋

绿盾草——野芋

　　无论是香芋奶茶还是香芋味茶饮，香甜的味道时常让人回味。你可知，这种香甜润滑的芋芽来自一种天南星科的植物——芋的块茎。

　　芋（*Colocasia esculenta*）在我国有悠久的栽培历史，为天南星科芋属的多年生草本植物。其块茎通常为卵形，常生多数小球茎，均富含淀粉，常被食用，被称为芋头、水芋、芋艿、芋岌或毛艿。我国的芋，早在《史记》中即有记载："岷山之下，野有蹲鸱，至死不饥。注云：芋也。盖芋魁之状，若鸱之蹲坐故也"。我国古代称之为"土芝""莒"，《史记》称之为蹲鸱（zūn dǐ），海南人称之为毛芋。叶大如绿盾，具有长柄，《说文解字》这样描述芋"大叶实根，骇人，故谓之芋也。"意指古人见到芋如此宽大的叶片非常惊讶，不自觉地发出"吁！"的感叹，芋因此得名。芋的学名种加词来自拉丁文"esculentus"即为"可食的"。是指其块茎可食，可作羹菜，也可代粮或制淀粉，自古被视为重要的粮食或救荒作物，如今也成为五谷杂粮健康食品的重要成员。栽培的芋常用其块茎和叶，很少生长至开花，栽培时通常用子芋进行无性繁殖。

　　芋属（*Colocasia*）的属名来自希腊语"kolokasia"，意指一种水生植物。该属原产我国和印度、马来半岛等热带地方。全世界有记录13种，野生分布于亚洲热带及亚热带地区。我国有5种，大多产江南各地。海南湿地除了栽培的芋以外，还常见野生的野芋（*C. antiquorum*）。

　　野芋别名红芋、野山芋、红广菜等，为同属的另一个物种，而不是栽培芋的野生种。《中国植物志》早期记载的紫芋（*C. tonoimo*）已被归并入野芋。

　　野芋的叶片和花序形态与芋十分相似。野芋为多年生湿生草本，块茎为球形，有许多发亮的芽点。叶柄常紫色，肥厚，下部鞘状。叶片盾状着生，基部心形，边全缘。夏季开花，具有天南星科典型的肉穗花序，花序柄比叶柄短，佛焰苞的下部管状，上部檐部展开成舟状，淡黄色，保护在花序外面。花单性，无花被，十分迷你，聚生在花序轴上。

野芋产江南各地，常生长于林下阴湿处。其块茎可供药用，外用治无名肿毒、疥疮、痈肿疮毒、虫蛇咬伤、急性颈淋巴腺炎等。但值得注意的是，野芋的块茎和叶片有毒，切不可食用。

海芋属（*Alocasia*）也是海南湿地有分布的一类植物，同属于天南星科。海芋属与芋属的外部形态很相似，但芋属具侧膜胎座，种子多数，细小，长圆形，有明显的纵条纹；海芋属为基底胎座，种子少，大，圆球形，光滑，细察即可识别。全世界有约70种，主要分布在热带亚洲，我国4种，产长江以南热带地区，其中海芋本种最为常见。

海芋（*A. odora*）在海南又被称为野山芋，具匍匐根状茎和直立的地上茎。与野芋相比，海芋要高大许多，为大型常绿草本，其直立茎可高达3~5米。叶柄长1米以上，叶片长和宽常超过60厘米，比野芋更宽大。海芋在海南四季可开花，肉穗花序芳香，佛焰苞管部绿色，上面檐部像扬起的船帆，随着花期而变化，从绿色、绿白色到凋萎前的黄色。花序从上到下依次为附属器、能育雄花序、不育雄花序和雌花序，而且长度比例分配较为相当。有趣的是，海芋佛焰苞的管部将不育雄花序和雌花紧紧包住，不育雄花序位于能育雌、雄花序的中间，花序依次开放，雌花序先成熟，雄花序后成熟，以避免自花授粉。浆果红色，种子比野芋更大。

据记载，海芋的根状茎含淀粉，可作工业淀粉替代品和药用，但不可直接食用。茎叶也有毒，误食后喉舌会发痒、肿胀等，严重者致死，民间用醋加生姜汁共煮，内服或含漱以解毒。而且鲜草汁液皮肤接触后容易引起瘙痒，误入眼内可引起失眠。因此，使用芋、野芋和海芋前，一定要识别清楚。

植物档案

野芋，学名 *Colocasia antiquorum*，隶属于天南星科芋属，为多年生湿生草本，块茎球形，根状茎横走；叶柄直立，下部鞘状，长可达1.2米，叶片盾状卵形，基部心形；花序柄从叶腋生出，短于叶柄，佛焰苞淡黄色，管部淡绿色或紫色，檐部席卷陈角状，金黄色，基部前面张开。肉穗花序短于佛焰苞，从上到下依次为：附属器、能育雄花序、不育雄花序和雌花序，花小，无花被，浆果小。

野芋花序 ●

地狱笼之诱惑——猪笼草

猪笼草的捕虫笼和花序

植物园内的食虫植物展台一直是大小朋友们的最爱，看似文静无比的它们却有着不同于一般植物的特性，有人称之为植物界的"杀手"，是令人恐怖的"食人花"！然而，它们远比我们想象的更脆弱，只能捕食一些小昆虫，以补充生境氮素营养不足，它们就是奇趣的"食虫植物"。你见过哪些食虫植物呢？见过野生的食虫植物吗？一起来探索吧，海南湿地就可以见到它们的身影。

什么是食虫植物？食虫植物是指具有捕食昆虫能力的植物，一般具备引诱、捕捉、消化昆虫和吸收昆虫营养的能力，甚至吞噬青蛙、蜥蜴、小鸟等小动物，所以也称为食肉植物。1875年，查尔斯•达尔文发表了第一篇关于食虫植物的论文，指出能够吸引和捕捉猎物，并能产生消化酶和吸收分解的营养素的植物称为食虫植物。有些食虫植物缺乏分泌消化酶的能力，必须由细菌或其他生物来帮助分解猎物，严格来说应该称作"半食虫植物"。

食虫植物是一个稀有的类群，全世界约有10科21属630种，大多生活在高山湿地或低地沼泽中，如猪笼草类、捕蝇草类、茅膏菜类、瓶子草类、捕虫堇类、狸藻类等。由于生境贫瘠，缺少植物生存所需要的氮素营养，它们不得不诱捕和消化昆虫或小动物来补充营养物质的不足，以这种极其独特的方式，在贫瘠的土地上顽强的生存了下来，堪称自然界中的奇迹。

猪笼草属（*Nepenthes*）是猪笼草科唯一的属，全世界有 183 种，绝大多数物种生长在旧大陆的热带山地，全年气候白天温暖但夜间湿冷。该属是古热带特有植物，其中绝大多数种类分布于东南亚，马来西亚的猪笼草种类尤其丰富。我国仅记载有猪笼草（*N. mirabilis*）一种，分布于海南、广西、广东、香港、澳门等地，主要生长于近海台地的湿地和沟谷的低海拔地区的富含有机质的酸性土壤中，生于海拔 50~400 米的沼地、路边、山腰和山顶等灌丛中、草地上或林下，适宜生长的温度较高，相对湿度较大。

猪笼草为直立或攀缘草本，最完全的叶包括叶柄、叶片、卷须、瓶装体和瓶盖五部分。茎生叶具柄，基部下延，叶片两面常具紫红色斑点，边缘具睫毛状齿；瓶状体近圆筒形，大小不一，下部稍扩大，具 2 列翅，翅缘睫毛状，里面密布腺体，可以分泌芳香的蜜汁来引诱昆虫。花单性异株，组成总状花序，被长柔毛，花被片 4 枚，绿色、红色至紫红色，腹面密被圆形腺体；蒴果。花果期 4~12 月。

猪笼草属是食虫植物的主要类群之一，它们拥有一个独特的器官——捕虫笼。捕虫笼不是它的果，而是变态叶。笼上的盖子不闭合，可以挡雨。昆虫掉入笼中后，因笼壁十分光滑，无法逃出。笼中消化液可以毒死或淹死昆虫，然后猪笼草消化吸收昆虫体内营养成分，从而补充植物生长发育所需的氮、磷、钾等养分。

● 猪笼草

据文献记载，猪笼草在海南分布于海口、琼山、澄迈、文昌、屯昌、定安、儋州等低海拔（30~80 米）的近海台地和山地，在澄迈红光农场、澄迈金江镇、文昌椰子所、文昌椰子所试验场三队、儋州木棠镇一带均可看到成片的野生猪笼草。但作者研究团队在海口湿地考察时，仅在潭丰洋省级湿地公园内发现一片野生猪笼草居群。潭丰洋属火山熔岩地貌湿地，地下潜水通过火山地表裂隙涌出、漫溢、汇流、聚集，形成一个个看似在空间上离散，实际上具有水文功能联系的湿地，并与大面积稻田镶嵌交混，形成具有独特风貌的"田洋"这一热带特色湿地。加上火山石表面的多孔隙性，使得其空间异质性很高，从而形成了丰富多样的生境。然而，由于猪笼草居群邻近农田，人为活动和放牧频繁，湿地环境受到了较大的干扰，猪笼草居群也受到了一定的破坏。

正是由于特殊的"猪笼"结构且其笼体具有鲜艳的颜色和花纹，猪笼草属植物深受人们的喜爱，越来越多的猪笼草属植物新品种被培育出来，特别是在国外已经形成了一定的产业。然而，因为人们的猎奇心理，野生猪笼草受到一定程度的破坏。为了保护野生猪笼草资源，49 种野生猪笼草被列入《世界自然保护联盟红色名录》（IUCN）中，该属全部物种都被列入《濒危野生动植物种国际贸易公约》（CITES）中。

● 猪笼草

植物档案

猪笼草，学名 *Nepenthes mirabilis*，隶属于猪笼草科猪笼草属，直立或攀援草本，叶互生，基生叶近无柄，基部半抱茎；茎生叶散生，具柄，基部下延；叶片两面常具紫红色斑点，边缘具睫毛状齿；瓶状体近圆筒形，具 2 列翅，翅缘具睫毛状，里面密布腺体。花单性异株，组成总状花序，被长柔毛，花被片 4，红至紫红色，腹面密被圆形腺体；蒴果粟色，种子丝状。

晶莹魔幻陷阱——茅膏菜

茅膏菜也是一类食虫植物，具有更为酷炫的捕虫技能和亮丽独特的外表，堪称食虫家族中的典范。

茅膏菜科全世界有3属254多种，我国有2属，但海南仅有茅膏菜属（*Drosera*）野生分布，生长在季节性干旱的潮湿环境，常在雨季出现，积水稍深或环境不适应，便容易死去。

茅膏菜属的属名来自希腊文"drosos"（露珠），是指植物叶片上的腺毛顶端膨大如露珠。茅膏菜体表呈多种颜色，叶莲座状着生，叶面密被头状粘腺毛，能分泌透明、反光的黏液，使植物体格外鲜艳多彩，以引诱昆虫。别小看了这些腺毛上的"露珠"，其黏性如同强力胶一般。当小昆虫触碰到腺毛后会被黏液黏住，垂死挣扎后越陷越深，很快就会像卷寿司一样被叶片包裹，逐渐被腺毛分

● 锦地罗

泌的蛋白质分解酶所分解，可溶性含氮物质被植物体吸收作养料，完成消化过程后，叶又恢复原状。黏液多少与空气湿度有关，清晨时黏液分泌最多，植物也最美。

据记载，我国有野生的茅膏菜7种，海南仅有记载锦地罗（*D. burmanni*）和长叶茅膏菜（*D. indica*），且较为少见。2003年作者曾经拍到长叶茅膏菜，但2021—2023年期间我们多次的湿地植物考察，仅仅在文昌市昌洒镇昌图村附近的湿地里找到锦地罗。

锦地罗的学名种加词来自拉丁文"Burmanicus"（缅甸的），意指其模式种采自缅甸。锦地罗的茎极短，不具球茎，叶莲座状密集着生，倒卵状匙形，基部渐狭，不

同叶片相互错开排列，尽可能多利用阳光，植物学中有个术语"叶镶嵌现象"即是如此。锦地罗叶边缘的头状粘腺毛长而粗，多呈紫红色，叶面腺毛较细短，腺毛顶端露珠状，晶莹剔透，整个株形十分漂亮，故此得名锦地罗。尽管文献记载，锦地罗的花果期全年，但我们未能见到完全开放的花朵，仅见到花葶状的花序长长伸出来，8~9个花蕾排列于花葶顶端，呈淡紫红色。

锦地罗全株供药用，味微苦，有清热去湿，凉血，化痰止咳和止痢之能，早年民间用它来治肠炎、菌痢、喉痛、咳嗽和小儿疳积，外敷可治疮痈肿毒等，有"一朵芙蓉""金线吊芙蓉""丝线串铜钱"等多个俗名。

长叶茅膏菜为一年生迷你草本，相较于锦地罗，其茎明显伸长，直立或匍匐，不分枝，叶片互生，线形，扁平，被白色或红色腺毛，叶柄与叶片形态相似很难区分，其花朵白色，花瓣5枚，倒卵形。种加词"*indica*"是因模式标本采自印度而命名，中文名取自其长线形的叶片形态。主要分布在东半球的热带和亚热带地区，我国东南沿海一带可见，多生于季节性干旱的潮湿旷地或水田边。

由于茅膏菜植物个体十分迷你，色彩丰富，加上叶片上晶莹"露珠"，在阳光下呈现五彩斑斓的迷你景观，十分具有观赏价值，常被采挖种植于小景观的布置。其野生分布点稀少且野外种群数量不多，人工扩繁和选育技术正走向成熟，越来越多的观赏品种将展现在大众的视野。

此外，我国有分布的食虫植物中还有捕蝇草、瓶子草、捕虫堇等，能用不同捕虫技能捕获猎物，并分泌消化液分解猎物和吸收养分，但瓶子草属、捕蝇草属以及捕虫堇属在海南湿地暂时未发现野生分布。

植物档案

茅膏菜属，学名 *Drosera*，隶属于茅膏菜科，为多年生湿生迷你草本，叶片基生呈莲座状或互生，楔形、匙形或线形，被头状粘腺毛，幼叶常拳卷；聚伞花序，花萼、花瓣和雄蕊均为5枚，子房上位，花被果期宿存；蒴果，室背开裂。

长叶茅膏菜

陌上星点花——圆叶母草

"陌上花开，可缓缓归矣。"这是后唐吴越王钱镠带给夫人的一句问候：田间阡陌边的花儿开了，你可一边赏花，一边慢慢回来。话语深沉内敛，情真意切而又细致入微，流传千古，还被编成了山歌《陌上花》，民间广为传唱。

二月的海南沼泽湿地上，到处可见星星点点的白紫色小花点缀于地被绿丛中，这里是圆叶母草（*Lindernia rotundifolia*）绽放的天堂。

圆叶母草在《中国植物志》中被放在玄参科（Scrophulariaceae）母草属（*Lindernia*）。根据最新的分类学修订，成立了母草科（Linderniaceae），母草属置身其中。其拉丁属名是为了纪念德国植物学家林登（F.B.v.Lindern，1682—1755 年）而命名。该属中文名又名"陌上菜属"，本文仍采用"母草属"。该属植物全世界有记载 66 种，我国有 29 种。

尽管《中国生物物种名录》《中国植物志》都未记录圆叶母草在海南有分布，但中国植物图像库有不少海南的圆叶母草照片，而且我们发现圆叶母草在海南湿地分布十分广泛，常形成沼泽中的优势种群。

圆叶母草为低矮草本，多分枝，常铺散成密丛。整体植株圆润而光滑，茎方形，

圆叶母草 ●

有沟纹。叶对生，宽卵形或近圆形，先端圆钝，基部宽楔形或近心形，边缘有齿。该种的学名种加词来自拉丁文"rotundi"（圆形的）+ "folia"（叶片），意指叶片为圆形。花单生叶腋或在茎枝顶端形成极短总状花序，花具花梗，无小苞片，花被筒状，花萼具齿，宿存，花冠二唇形，蓝白色，上唇直立，微 2 裂，裂片及喉部具蓝紫色斑块，下唇较大而伸展，3 裂，雄蕊 4 枚。在野外观察中发现，圆叶母草受精后花冠常常整体脱落，留下一根长长的花柱从萼片中伸出，柱头头状。果实为开裂的蒴果。

根据资料记载，海南还有长蒴母草（*L. anagallis*）、母草（*L. crustacea*）、刺齿泥花草（*L. ciliata*）、曲毛母草（*L. cyrtotricha*）、尖果母草（*L. hyssopoides*）、棱萼母草（*L. oblonga*）、细茎母草（*L. pusilla*）等其他十余种母草属植物野生分布。

母草为热带亚热带广布种，在海南湿地也较为常见。该种气质上明显不同于圆叶母草，叶片三角状卵形，边缘有浅钝锯齿；花梗细长，有沟纹，花萼 5 浅裂，具明显的棱，外部稀疏粗毛，花冠紫白色，即前端为白色，中部以下为紫色。母草的全草可入药，性微苦、淡、凉，有清热利湿、活血止痛之功效，主治风热感冒，湿热泻痢，肾炎水肿，痈疖肿毒，月经不调，毒蛇咬伤等，有四方拳草、四方草、蛇通管、气通草、铺地莲、水辣椒、齿叶母草等多个别名。

此外，曲毛母草和棱萼母草仅在海南有记载。曲毛母草的花萼仅基部联合，外面散生钩曲状的硬毛，生于山腰、斜坡或密林中。棱萼母草的花萼仅 1/4 部分开裂，外无毛，多生于干地沙质土壤中。

● 母草

植物档案

圆叶母草，学名 *Lindernia rotundifolia*，隶属于母草科母草属，为一年生草本，茎直立或匍匐，叶对生，近圆形，花梗长约 1.5 厘米，无小苞片，花萼 5 裂至中部，外被毛，花后宿存，花冠二唇形，上唇直立，微 2 裂，下唇较大而伸展，3 裂，雄蕊 4 枚，蒴果室间开裂，种子小而多。

展翅欲飞碧蝉花——鸭跖草

鸭跖（zhí）草是一类生在河边湿地的草本植物，隶属于鸭跖草科。名字一直为很多人所好奇，说法不一。果壳曾经发文推测它来源于楚国"斫（zhuó）鼻"故事衍生出的"鼻斫草"。也有人认为"鸭跖草"这个名字，指的是鸭跖草的茎像鸭子的"蹠跖骨"。《说文》中解释"跖"为"足下也"，即脚掌，"鸭跖草"可理解为鸭掌草，意指常生长在鸭子踩过的水湿之地。

鸭跖草（*Commelina communis*）为该属的模式种。根据《植物学名解释》，其拉丁属名是为纪念德国植物学家科默兰（Kasper Commelyn，1667—1731年）而命名。该种为一年生草本，茎多匍匐且分枝，具有明显的节和节间。叶片互生，有明显的叶鞘。最为奇特的是其聚伞花序和花的形态。

李时珍《本草纲目》中记载鸭跖草"叶如竹，高一二尺，花深碧，有角如鸟嘴。"然而，碧绿的部分其实为佛焰苞状的总苞片，原本为心形，沿中线对折后，苞片顶端变得尖如鸟喙。花便生在这个对折的苞片中，但并不伸出苞片外，而是藏于其中。鸭跖草的花序为聚伞花序，总苞内通常生3~4朵花，依次开放，故我们常常见到的是一朵花。其花瓣有3枚，其中2枚深蓝色，较大，具爪，下方的一枚略小，白色，形如一只展翅欲飞的蝴蝶，十分优雅可爱，故有个文雅的名字"碧蝉花"。

宋代诗人杨巽斋的《咏碧蝉花》有云"扬葩簌簌傍疏篱，薄翅舒青势欲飞。几误佳人将扇扑，始知错认枉心机。"这里的碧蝉花就是指鸭跖草，

● 鸭跖草

讲述了女孩错把鸭跖草的花看成了可爱的小蝴蝶的故事。此外，鸭跖草在日语中还名为"露草"，有着朝生暮死，譬如朝露之意，英文名dayflower（一日花），单朵花寿命短，早上带着露水绽放，下午便会凋谢，但物种花期较长，夏秋季皆可见开花。

鸭跖草的雄蕊十分奇特，能育雄蕊3枚，花丝较长，退化雄蕊2~3枚，花丝短，顶端4裂成蝴蝶状，鲜黄色，十分鲜艳。果实为蒴果，2裂，每室有2粒，灰黑色，长2~3毫米，状如虫屎，李时珍曾描述为"灰黑而皱，状如蚕屎"。但这很不起眼的种子却有着很强的自播能力，在环境适宜的湿润之地，很快就能生根发芽，因此鸭跖草逐渐成为水湿或阴湿地的常见杂草。

我国古代对鸭跖草十分钟爱，常用其碧蓝色的花瓣来染色。李时珍《本草纲目》中有记载"巧匠采其花，取汁作画，色及彩羊皮灯，青碧如黛也"。也有记载，鸭跖草的全株都可用来染色，称之为"蓝姑草"，用来染蓝色。但相比木蓝、蓼蓝等植物染料，要逊色一些，故应用不多。除了染色之外，鸭跖草还可药用，能消肿利尿、清热解毒等，对治疗咽炎、扁桃腺炎、腹蛇咬伤有较好疗效。

鸭跖草有很多的别名，如淡竹叶、竹叶菜、鸭趾草、鸭儿草、竹芹菜等，名称十分的混乱，交流时尽可能以官方中文名为准。

● 鸭跖草

矮水竹叶 ●

● 水竹叶

● 竹节菜

竹节菜（*Commelina diffusa*）是海南常见的另一种鸭跖草属植物，在《中国植物志》中都采用"节节草"名称，因容易与蕨类植物中的节节草混淆，故中文名变更为"竹节菜"。种加词来自"diffusus"（披散的、铺散的）即指其植株为披散草本。竹节菜形态上与鸭跖草十分相似，但竹节菜的佛焰苞为披针形，花伸出佛焰苞，且花瓣3枚大小相近，均为蓝色，可以明显区分出来。而且，竹节菜的叶鞘有1列毛或全被毛，蒴果长圆状三棱形，3室，也有别于同属其他物种。与鸭跖草一样，竹节菜也可药用，能消热、散毒、利尿；花汁可作青碧色颜料，用于绘画。

鸭跖草属在我国有野生分布10种，主要分布在长江以南，海南有记录3种，除了前面介绍的鸭跖草、竹节菜外，还有饭包草（*C. benghalensis*）。

此外，除了鸭跖草属，鸭跖草科还有一类植物也常见于我国热带亚热带湿地，它就是水竹叶（*Murdannia triquetra*）。水竹叶为多年生沼生或湿生草本，叶片呈竹叶形，生长在水边，故得名水竹叶。隶属于鸭跖草科水竹叶属，其拉丁属名是为纪念英国学者穆尔曼（Murdann），种加词来自"Triquetra"（三棱形的、三角形的），意指该物种的蒴果近似三棱形，以区别于同属其他物种。

水竹叶具长而横走的根状茎，茎肉质，长可

达 40 厘米，通常多分枝，具明显的节和节间，节间长 6~8 厘米，叶片在茎上互生，似竹叶，故又名肉草、细竹叶高草。节部和叶鞘部可见白色硬毛，叶片先端渐尖。花开时节，水竹叶的茎顶端会伸出一朵朵淡蓝紫色的迷你花朵，在一片翠绿叶丛中犹如繁星点点，十分小清新。单子叶植物的花多以 3 为基数，水竹叶也不例外。其花朵多为单生，花萼 3 枚，绿色，舟状，上面托举着 3 枚淡蓝紫色的花瓣，彼此错落排列，各展风姿，再加上清新碧绿的叶片，美观典雅的叶形，常被栽培用作观赏。

● 矮水竹叶

● 牛轭草

水竹叶属为热带亚热带常见属，全球约 50 种，我国约有 20 种，广布于我国长江以南各地。其中水竹叶最为常见，生于沼泽、湿地和稻田浅水中，喜阳光和肥沃的土壤，在温暖的南方生长迅速、全年生长，常被列入南方稻田常见杂草。但其蛋白质含量颇高，鲜草含蛋白质 2.8%，可用作饲料。幼嫩茎叶可供食用，全草有清热解毒、利尿消肿之效，亦可治蛇虫咬伤，被称为神奇药草。

水竹叶属除了水竹叶本种外，海南还有记载矮水竹叶（*M. spirata*）、大苞水竹叶（*M. bracteata*）、牛轭草（*M. loriformis*）、少叶水竹叶（*M. medica*）、蓝花水竹叶（*M. edulis*）、细柄水竹叶（*M. vaginata*）以及细竹篙草（*M. simplex*）等野生分布，但不十分常见。

植物档案

鸭跖草，学名 *Commelina communis*，鸭跖草科鸭跖草属，一年生草本，茎匍匐，多分枝，具节和节间，叶互生，叶片披针形至卵状披针形，聚伞花序，总苞片佛焰苞状，折叠状，花几乎不伸出佛焰苞，萼片膜质，花瓣 2 枚深蓝色，具爪，1 枚白色，略小。花丝有长、中、短 3 种。蒴果 2 爿裂，种子 4 颗。

珍奇兰精灵——抱茎白点兰

海南湿地的兰花较为稀少，抱茎白点兰（ *Thrixspermum amplexicaule* ）就是其中之一，但不为真正意义上的湿地植物，而是湿地环境中生长的附生植物。

抱茎白点兰隶属于兰科白点兰属，属名是由希腊词 Thrix（毛发）+ spermum（种子）组成，意指白点兰属的种子纤细如毛发。种加词拉丁文 *amplexicaule* "抱茎的"，意指其叶片基部扩大而抱茎生长。

白点兰属全世界有记录192种，主要分布在热带亚洲和澳大利亚，中国有分布17种，其中3种为我国特有种。与其他野生兰花一样，所有的白点兰都被列入《濒危野生动植物种国际贸易公约》附录和《世界自然保护联盟濒危物种红色名录》（IUCN）中，国际贸易受到严格管制。

在海南湿地植物考察过程中，我们仅在海口遵谭镇将军山的沼泽地边缘发现抱茎白点兰的野生种群。抱茎白点兰为兰花中少有的藤本植物，攀附于一片灌木丛中，如果不开花，很难与兰花产生关联。其茎细长，可达数米，呈稍扁的三棱形，茎上有多个节，节间长约2厘米。叶片稀疏排列在茎上，肉质，卵状披针形，基部心形并抱茎，先端稍尖而微2裂。

抱茎白点兰的花序从茎中部伸出，纤细，花序轴较长，为叶片长度的10倍以上，花数朵，但同一时间开放仅1~2朵，寿命只1天。花浅紫色，直径约4cm，萼片卵形，凹陷，花瓣比萼片稍短窄。蒴果细长圆柱形。花果期5~7月。

据记载，抱茎白点兰在菲律宾、印度、泰国、越南、马来西亚、印度尼西亚、新加坡等热带亚洲、大洋洲有分布，模式标本产于印度尼西亚（爪哇）。主要生长在沼泽湿地边或林缘开阔区域，阳生，附生于临海的海台石上或灌丛上。抱茎白点兰在我国仅在海南海口有少量发现，见于琼山区、秀英区、龙华区，目前被列入近危种（NT）。因此，海南海口成为抱茎白点兰在全球野生分布的最北边缘。

抱茎白点兰每朵花的花期仅一天，使得自然条件下难遇传粉者为其传粉，昆虫传粉有一定的难度。在海口野生分布的抱茎白点兰种群数量极其稀少，且多以无性繁殖为主。分布范围狭窄，先后被列入《中国物种红色名录》和《珍稀濒危野生动植物种国际贸易公约》附录 II 中，IUCN 濒危等级为 NT（近危）。

截至目前，海南有记录的白点兰属植物 5 种，除了抱茎白点兰外，还有芳香白点兰（T. odoratum）、海台白点兰（T. annamense）、白点兰（T. centipeda）和长柄白点兰（T. longipedicellatum）。

其中，芳香白点兰为海南昌江特有种，2009 年发现并命名，主要附生在海拔1000m 的林中树干上，花白色，相对较大而具有浓烈的茉莉香气味，连续开花，同时开 2 朵花，花期大于 2 天。海台白点兰在我国仅见于海南和台湾。白点兰分布点相对较多，在海南多地有记录，生林中树上。长柄白点兰 2014 年才被发现和命名，分布于我国海南和越南。

由于人为环境破坏，导致其适生生境缩小而自然种群过小，白点兰属为国家极小种群植物，且与其他兰科植物一起，都被列入《珍稀濒危野生动植物种国际贸易公约》附录。

白点兰属在分子系统发育上与蝴蝶兰属（Phalaenopsis）最近。我们对抱茎白点兰的绿叶体基因组进行了测序和系统分析，发现抱茎白点兰的系统位置与白点兰最为接近，这一结论也与传统的形态特征分类结果一致。截至目前，白点兰属有 4 个物种的叶绿体基因组被测序和公开，除了抱茎白点兰，还有白点兰、吉氏白点兰（T. tsii）和日本白点兰（T. japonicum）。

● 抱茎白点兰

植物档案

抱茎白点兰，学名 Thrixspermum amplexicaule，兰科白点兰属，多年生藤本植物，茎细长，稍扁三棱形，具多个节，节间长约 2 厘米；叶疏生茎上，呈二列互生，肉质，卵状披针形，基部心形并抱茎；花序纤细，花序轴长 30~35 厘米，花浅紫色，直径约 4 厘米，萼片卵形，凹陷，花瓣比萼片稍短窄；蒴果细长，约 5 厘米，圆柱形。花果期 5~7 月。

第五节
红树林植物

海南热带海岸潮涨潮落之间的滩涂地带，有一类特殊植物。每天涨潮时，树干全被海水淹没，仅可见树冠在海水中荡漾；退潮后，这些树木又毅然挺立在海滩上，形成独特的红树林奇特景观。

红树林（Mangrove）其实不是一种植物的名字，而是植物群落的统称，指的是生长在热带、亚热带海岸潮间带，受周期性潮水浸淹，由红树科植物为主体的常绿乔木或灌木组成的湿地木本植物群落。它们是陆地向海洋过渡的特殊生态系统。由于组成红树林的植物多含有丰富的单宁，古代人们在砍伐这些树林时，发现不仅裸露的木材显红色，而且砍刀的刀口也变成红色。于是，他们利用这些植物的树皮制作红色染料，所以这些绿色植物被称为"红"树林植物。红树、红榄李、海桑、水椰、白骨壤、桐花树等都是海南红树林的主要植物类群，在当地被村民统称为"枷椗"。

根据生长环境的限制，红树植物又可以分为真红树和半红树。其中，真红树是指专一生长在潮间带的木本植物，它们只能在海岸潮间带环境生长繁殖；半红树则是既能在潮间带生存，又能在陆地环境中自然繁殖的两栖木本植物。

红树林植物主要来自红树科、千屈菜科、使君子科、报春花科、爵床科、马鞭草科等，由这些科内的全部或部分植物组成。由于生长在共同的环境，不同科属来源的植物在长期的生存进化中发生趋同进化，产生了许多共同的特征，如胎生现象、泌盐现象、支柱根和呼吸根、单宁含量丰富等。

动物胎生不足为奇，植物界竟然也有胎生？胎生现象是红树林特有的现象。一般植物的种子成熟后，很快脱离母体，经过一段时间休眠，在适宜的光照、温度和水分条件下，萌发成幼小的植株。但想要在海岸潮间带生存，继续这样操作可不行，如果红树林的种子成熟后马上落入海中，就会被无情的海浪冲走，得不到繁衍后代的机会。因此，红树林中很多植物的种子成熟后，既不脱离母树，也不经过休眠，而是直接在果实中发芽，称为胎萌。发芽后的种子继续吸取母树的营养，长出胚轴，成为新的小苗，具备了一定的生存技能后才从母体独立开来，重新开辟新的领地。红树林植物依靠这种胎生现象在海滩上世世代代繁衍生息。

红树林植物的胎生现象可分为显胎生和隐胎生。种子在树上萌发时，首先突破种皮，下胚轴明显伸长，接着突破果皮，形成样子如同长长的"水笔"的胎生苗，这种类型属于显胎生。红树林中进行显胎生繁殖的植物，主要集中在红树科，如红树属、木榄属、角果木属、秋茄属等，在果实外长有长长的胎生苗，形成"树挂幼苗"的典型奇观。

还有一类隐胎生植物，其种子成熟后在果皮内悄悄萌发，胚轴并不伸出果实，所以从外面根本看不出来，只有果实落地后胚轴才伸出果皮，马鞭草科的海榄雌（又称白骨壤）、紫金牛科的蜡烛果（又称桐花树）和爵床科的老鼠簕等植物

就属于这一类。拨开隐胎生植物的果皮，就能看到里面已经萌发的种子。

值得一提的是，不是所有的红树植物都具有胎生现象，红树林中有一半以上的植物不具有胎生现象。这些植物的果实或种子在脱离母体植物以前不萌发，种子密度低于海水。换句话说，果实或种子比较轻，能够浮于水面，随水漂流传播。

泌盐现象是红树林另一种常见现象。生长在滨海泥滩的环境，植物需要有良好的耐盐性。聪明的红树林植物通过把盐分转移到变老的叶片中，以落叶的方式排盐。因而，在红树林植物的叶片上常常可见到白色的盐结晶。

潮间带植物所处的环境极其不稳定，长期受潮水影响，泥层松软，土壤盐度高，含氧量低，只有具备非凡本领的植物才能存活下来。红树林植物一般具有发达的呼吸根和支柱根。由于长期生长在缺氧的湿地环境中，常会形成一种向上生长、露出地表或水面的呼吸根。这些根通常有发达的通气组织，可把空气输送到地下，供给地下根呼吸，被称为呼吸根。当海水退潮之后，根系才能露出来呼吸。因此红树林植物只能一定程度上在海水中存活，而不能一直生活在海水中。

宿萼 4 枚——红海榄

红树林最典型的代表类群为红树科植物，其植物树皮中含有一种单宁酸，遇到空气就会被氧化成红色，所以得名红树。全世界红树科植物有 15 属 120 余种，分布于全世界的热带地区。我国有 6 属 13 种，产于西南至东南部，而以南部海滩为多。

红树科植物在形态上有很多共性，比如均为常绿木本植物，具有发达的根系，合轴分枝，小枝常有膨大的节，单叶交互对生，花为两性，花瓣全缘，2 裂，子房下位，萼筒果期宿存，果实多不开裂。本科植物大部分种类的树皮都含丰富的单宁，为浸染皮革和染料的重要原料，又为防风、防浪、护堤的海岸防护林的主要树种及盐土指示植物。

红树属（*Rhizophora*）是红树科的模式属，拉丁学名来自希腊语"rhiza"（根）+"phoreo"（具有），意指种子在母体上时即已发根。茎基部有支柱根，枝有明显的叶痕，叶片革质，交互对生，叶边全缘，叶背有黑色腺点，中脉突出叶片顶端成小尖头。聚伞花序，花萼 4 深裂，花瓣 4 枚，生于花盘基部，早脱落，无花丝或花丝极短。种子无胚乳，在果实未离开母树前就已发芽，胚轴突出果实形成长棒状挂在树上。被称为"树挂幼苗"现象。胚轴发育到一定程度后脱离母树，掉落到海滩的淤泥中，几小时后就能在淤泥中扎根生长而成为新的植株。未能及时扎根在淤泥中的胚轴则可随着海流在大海上漂流数月，在几千里外的海岸扎根生长。

● 红海榄

121

红树属全世界有记录6种，广布于世界热带和亚热带海岸岩滩和海湾内的沼泽地，我国有3种，分别为红树（*R. apiculata*）、红海榄（*R. stylosa*）和红茄苳（*R. mucronata*），海南有红树和红海榄两个原生种，红茄苳有引种栽培。

红树在海南又名鸡笼答、五足驴，其学名种加词来自拉丁文"apiculatus"，可译为"具细尖的、具尖头的"，意指果实在树上萌发伸出长尖状的胚轴。植株为小乔木或灌木，树皮黑褐色。聚伞花序总花梗粗大，短于花梗，从已落叶的叶腋生出，花序有花2朵，花部小苞片合生成杯状，花瓣无毛，果实倒梨形，略粗糙，长2~2.5厘米，胚轴圆柱形，略弯曲，绿紫色，长20~40厘米。花果期几乎全年。

● 红海榄"树挂幼苗"

红树在我国仅在海南有野生分布，较为少见。该种不耐寒，也不堪风浪冲击，常生于风浪平静的有屏障的海湾，喜生于淤泥较厚、盐分较高的浅海盐滩或海湾沼泽地，常形成单种优势群落。其材质优良，硬而重，结构密致，耐腐性强，还是一种良好的木材和薪炭材。树皮和根含单宁约13.6%。

红海榄在海南又被称为红海兰、厚皮、鸡爪榄。其支柱根十分发达，叶柄粗壮，聚伞花序总花梗略纤细，长于或等长花梗，从未落叶的叶腋生出，花序有花多朵，花部的小苞片仅基部合生，花瓣比花萼短，边缘被白色长毛。雄蕊8枚，4枚生花瓣上，4枚生花萼上，花柱丝状，长4~6毫米。红海榄的学名种加词来自拉丁文"stylosus"倒梨形，平滑，胚轴圆柱形，长30~40厘米。我国的广东、广西、海南（澄迈、儋州、临高、文昌）和台湾都有分布，多生于沿海岩滩红树林的内缘，对环境要求不太苛刻，抵御海浪冲击能力较强。树皮含单宁 17%~22%，可做染料。本种与红茄苳形态极为相似，但叶片顶端钝尖，花柱长 4~6 毫米，子房上部不高出花盘。

红茄苳，别名茄藤，其学名种加词来自拉丁文"mucronatus"（具短尖头的），意指其叶片顶端具短尖。红茄苳叶片两端渐狭，子房上部高出花盘呈圆锥形，花柱极不明显。果实与红树相似，但略长。花果期几乎全年。据资料记载，我国台湾高雄港有原生种分布，海南红树林有引种栽培。材质坚重耐腐，为良好的建筑用材和优质的染料。树皮还是良好的鞣革原料，而且树皮可入药。果实味甜可食。

红海榄果实

值得注意的是，不是所有的红树科植物都是红树林植物，比如红树科的竹节树属（Carallia）、山红树属（Pellacalyx）等就生长在内陆山地。除红树科植物外，红树林植物还包括其他一些科属的植物，比如千屈菜科的海桑属、使君子科的榄李属、报春花科的蜡烛果属、棕榈科的水椰属等也为红树林植物，后面会详细介绍。

红海榄花

植物档案

红海榄（红海兰），学名 *Rhizophora stylosa*，隶属于红树科、红树属，为常绿木本植物，具有发达的支柱根，合轴分枝，小枝常有膨大的节；叶柄粗壮，长 2~3 厘米，叶革质，交互对生，全缘，叶背有黑色腺体，中脉伸出顶端成一小箭头；聚伞花序具总花梗，花两性，花瓣全缘，花萼 4 深裂，花瓣 4，白色，早落，子房下位，花柱线形。果实倒梨形，平滑，胚轴圆柱形，长 30~40 厘米。

宿萼 5 枚——秋茄树

秋茄树（*Kandelia obovata*）是我国最耐寒的真红树植物，也是世界上分布最广泛的红树植物，隶属于红树科秋茄树属。该属全世界有 2 种，即 *K. obovata* 和 *K. candel*。中文版《中国植物志》曾将秋茄树的学名记作 *K. candel*。后来研究表明，*K. candel* 在我国没有分布。2003 年，秋茄树（*K. obovata*）被命名发表。该种可见于我国广东、广西、福建、台湾、海南，日本和越南也有分布。

秋茄树主要生于海湾淤泥冲积深厚的泥滩。属名来印度语 kandel，意为"秋茄树"，种加词来自拉丁文"ob-ovatus"（倒卵形的），是指其叶片呈倒卵形。秋茄树为灌木状小乔木，树皮平滑，红色。早期常被海边居民砍做柴用，而且其木材的材质坚重，耐腐，可作车轴、把柄等小件用材，因此广东和海南人常称之为浪柴或红浪。秋茄树具有粗壮的支柱根和呼吸根，以便潮涨潮落时能站得更高、更稳和正常呼吸。与红树属植物一样，秋茄树的树枝粗壮，有膨大的节。

作为滨海岸卫士，秋茄树十分常见，几乎出现于我国所有的红树林中。其叶

● 秋茄树

片交互对生在枝条上，革质，呈椭圆形或倒卵形，叶片比红海榄小，叶边全缘，叶脉不明显，叶片顶端钝形或浑圆，这一特征与红树属植物叶片顶端具小尖头明显不同。此外，叶片上也常见有泌盐现象。秋茄树全年可见开花和结果，其花序为二歧分枝聚伞花序。不同于红树属植物的花部 4 基数，秋茄树的花萼和花瓣都为 5 枚，且花萼裂片呈条状，基部与子房合生，裂片花后外翻，花瓣 2 裂，每裂片再深裂成数条丝状裂片，早落。

秋茄树的果实圆锥形，中部为外翻、宿存的花萼裂片所包围。种子也无胚乳，果实未离开母树就已萌发。胚轴细长，但比红海榄的胚轴要细短一半，胚轴顶端尖而硬。萌发后的种子掉落插入泥土后，经过一两个小时就可以长出根并扎根生长。胚轴形状似笔，台湾人称之为水笔仔。此外，秋茄树在台湾还被称为茄行树。

秋茄树既适于生长在盐度较高的海滩，又能生长于淡水泛滥的地区，且极其能耐淹，在一定生境条件下，常组成单优势种灌木群落。在海浪较大的地方，其支柱根特别发达，但生长速度较慢。其树皮平滑，红褐色，含单宁 17% ~ 26%。

植物档案

秋茄树，学名 *Kandelia obovata*，隶属于红树科秋茄树属，为灌木或小乔木，具支柱根，树皮平滑，红褐色，叶革质，交互对生，腋生二歧聚伞花序，具总花梗，花萼 5 深裂，裂片条状，花瓣 5 枚，白色，撕裂成丝状裂片，早落，雄蕊多数，花丝纤细，子房下位，柱头 3 裂，果实近卵形，长 1.5~2 厘米，中部为宿存、外翻的花萼裂片包围，胚轴细长，长 12~20 厘米，圆柱形。

光滑红萼筒——木榄

木榄属（*Bruguiera*）隶属于红
树科，为最典型也最常见的一类红
树林植物，其拉丁属名"*Bruguiera*"
是为了纪念法国植物学家布吕吉耶
尔（J.G.Bruguieres, 1734—1798 年）。

木榄属植物为乔木或灌木，一般
四季常绿，生有许多板状支柱根或屈
膝状气生根。树皮中也可提取单宁，但
使用不及红树属普遍。叶片为革质，交
互对生，全缘，无毛，具柄。

木榄（花瓣早落）

本属仅分布于东半球热带海滩，全世界有 5 种和 3 个自然杂交种，我国有 3 种
和 1 个自然杂交种，分别为木榄（*B. gymnorhiza*）、海莲（*B. sexangula*）、柱果木榄
（*B. cylindrica*）和尖瓣海莲（*Bruguiera* × *rhynchopetala*）。

木榄为红树科木榄属的模式种，也为海南红树林的优势树种之一，喜生于稍干
旱、空气流通、伸向内陆的盐滩。海南人称之为剪定、枷定。《中国植物志》曾将
其学名误写作 *B. gymnorrhiza*，现已被订正为 *B. gymnorhiza*。其种加词来自拉定文
"gymnorhizus"（裸根的），意指木榄树干基部具有许多伸出地面的气生根。

木榄的树皮灰黑色，有粗糙裂纹，与树皮光滑的秋茄树明显不同。叶片比秋茄树
明显更宽大，先端渐尖。花多为单生，花梗下弯，花萼深裂，萼筒钟形或倒圆锥形，
平滑，结实时略扩展，不向外反卷。花瓣中部以下密被长粗毛，但早早脱落，几次
的野外考察都未能见到其正常花朵形态。木榄的子房下位，花柱丝状。果实藏于萼
管内。与红树科其他植物一样，种子无胚乳，于果实未离母树前萌发，胚轴圆柱形
或纺锤形。木材常用作薪炭用材，极少用于建筑。

● 海莲

海莲在海口琼山、文昌和三亚等地有分布，生于浅海盐滩或潮水到达的沼泽地。我们在东寨港红树林自然保护区见到了海莲完整的花朵。经观察，可见海莲的花单生，萼筒具明显的纵棱，常短于裂片，裂片9~11枚；花瓣金黄色，2裂，边缘具长粗毛，每1裂片顶端钝形，向外反卷。

1978年《植物分类学报》上报道了一种尖瓣海莲（*B. sexangula* var. *rhynchopetal*）。相比于海莲，其花萼裂片更多，花瓣裂片顶端尖，具1~2条刺毛。在我国仅见于海南，记录为海莲的变种，并为《中国植物志》所引用。我国学者后来将该种归并入海莲（*B. sexangula*），在中科院植物所的植物智网站上可以见到。但在查阅文献时，作者发现在邱园的世界植物名录中，尖瓣海莲被处理为自然杂交种，学名写为 *Bruguiera* × *rhynchopetala*，认为是由木榄（*B. gymnorhiza*）× 海莲（*B. sexangula*）杂交而来。除了海南有分布外，印度、新几内亚和昆士兰岛也可见到。

还有一种木榄属植物——柱果木榄（*B. cylindrica*），仅在我国海南有野生分布。该种的花2至多朵组成具总梗的聚伞花序，很少单生，花萼裂片7~8，结实时向外反卷，长0.8~1.2厘米。这些特征可以将它与木榄属的其他物种区分开来。但作者在海南的调查中尚未见到本种。柱果木榄树皮薄，单宁含量低。其木材含有一种特殊气味，能将鱼群驱散，故不适宜作渔具，主要作薪柴。

● 木榄（种子已萌发伸出胚轴）

植物档案

木榄，学名 *Bruguiera gymnorhiza*，隶属于蓼科，为一年生或多年生湿生草本，茎直立，多节，节处常膨大，单叶互生，托叶联合成抱茎的托叶鞘，叶边全缘，托叶膜质，鞘状；穗状花序，花小，两性，辐射对称；瘦果卵形，扁平，包于宿存花被内，种子细小。

胚轴具纵棱——角果木

角果木属（*Ceriops*）也是红树科的一类真红树，主要生于热带浅海盐滩，全世界有5种，分布于东半球热带地区，见于东非、热带亚洲和澳洲。我国仅角果木（*C. tagal*）一个种有野生分布，主要见于广东、海南和台湾。

角果木，常被称为海淀子、海枇子、剪子树，为常绿灌木或乔木，高2~5米，具膝状呼吸根，树干常弯曲，树皮灰褐色，枝有明显的叶痕。叶交互对生，倒卵形至倒卵状矩圆形，顶端圆形或微凹，基部楔形，边缘骨质，干燥后反卷，叶柄长1~3厘米。叶背黄绿色，可见明显的泌盐现象。每年的秋冬季为角果木的花果期。聚伞花序腋生，具总花梗，分枝，花小，花萼5~6深裂，花瓣白色，短于萼，果实圆锥状卵形，长1~1.5厘米，中部被外翻、宿存的花萼裂片围绕。

角果木

角果木也具有典型的胎生现象，种子无胚乳，果实成熟后在母树上萌发，伸出长棒状的胚轴，长如筷子，但中部以上略粗大，顶端尖，具明显的纵棱和疣状突起。在人们未能真正认识到这种"树挂幼苗"现象之前，认为其长长的具有棱角的胚轴就是其果实，并确认为角果。因此，其属名来自希腊语"keros"（角）+"opsis"（相似），即是指其果实具角，而且中文名也由此得名角果木。

角果木的胎生苗落入水中，尖尖的顶端插入滩涂淤泥，一旦站稳脚跟，顶端的宿存花萼就会脱落，生出新的芽，从而长成新的植株。

角果木耐盐性很强，但很不耐海水淹没和风浪冲击，没有明显的支柱根，仅借基部侧根变粗而起支持作用，一般生长于潮涨时仅淹没树干基部的泥滩和海湾内的沼泽地，多见于潮间带中上部，常组成纯林。本种耐寒性较强，曾在浙江温州引种，

● 角果木

经过严寒的冬季，翌年仍能继续生长，但生长缓慢。

角果木全株具有十分重要的经济价值，材质坚重，其木材耐腐性为红树科各种之冠，可作桩木、船材和其他要求强度大的小件用材。树皮含单宁达30%，提取的栲胶质量特别好，在马来半岛称作"当加皮"，在印度名作"可郎皮"，主要用来制革，制成的底革呈红色，其耐久性不亚于其他单宁。全株入药，有收敛作用，也有用以代替奎宁作退热药。

海南滨海沿岸有分布的红树科植物主要有红树属、秋茄树属、木榄属、角果木属等类群，野外如何辨别呢？

一般说来，红树属植物叶片顶端突尖，宿存萼片4枚，花瓣4枚。木榄属植物叶片顶端渐尖，花萼7~14深裂，花瓣数多于4枚，每花瓣2深裂。秋茄树属叶片顶端钝或微凹缺，花瓣分裂为数条条状裂片，宿存萼片5枚，外反。角果木属叶片顶端钝，花萼5~6深裂，宿存，花瓣顶端有短棒状的附属体，胚轴具纵棱。花果期仔细辨认是可以明显区分的。

植物档案

角果木，学名 *Ceriops tagal*，隶属于红树科角果木属，具膝状呼吸根，树干常弯曲，枝有明显的托叶痕，叶片倒卵形，顶端圆钝，基部楔形，聚伞花序腋生，具分枝的总花梗，长2~2.5厘米，花小，花萼5~6深裂，花瓣白色，短于花萼，果实圆锥状卵形，长1~1.5厘米，中部为外反、宿存的花萼裂片围绕，胚轴长棒状，长15~30厘米，有纵棱和疣状突起。

● 角果木

绿碟圆果——海桑

海桑是一类隶属于千屈菜科海桑属（*Sonneratia*）的常绿木本植物，生于热带海岸泥滩上，是组成红树林真红树的主要种类之一。拉丁属名是为了纪念19世纪法国旅行家索纳拉（P.Sonnerat，1749—1841年）而命名。

海桑属植物全株都光滑无毛，由于生长在水中，树干基部周围有很多与水面垂直而高出水面的呼吸根，借此进行气体交换，以维持淹没在水里的正常根的生理功能。小枝多下垂，有隆起的节，单叶对生；花生于枝条顶部，花萼筒状，果实成熟时浅碟形，裂片卵状三角形，内面常有颜色。种子无胚乳，但与红树科植物明显不同的是，海桑属植物的种子不在树上萌发，因此没有"树挂幼苗"现象。

早期的《中国植物志》将海桑属和八宝树属放在一起，成立海桑科，后来全部归入千屈菜科。不同于千屈菜科其他类群，海桑属的果实为浆果，扁球形，基部被宿存的花萼包围，顶端有宿存的花柱基部。截至目前，千屈菜科家族中仅有海桑属为红树林植物。

根据文献资料，海桑属全世界有6种和4个自然杂交种。我国有野生分布3种和3个自然杂交种，仅在海南有野生分布。

海桑（*S. caseolaris*）为海桑属的模式种。植株为高可达5~6米的乔木。其叶片形状变异大，从阔椭圆形、矩圆形至倒卵形。花具短而粗壮的梗；萼筒无棱，浅杯状，果时碟形，花萼裂片6，平展，内面绿色，暗红色的花瓣裂成条状披针形，雄蕊数量极多，花丝粉红色或上部白色，下部红色，柱头头状。花期冬季，果期春夏季。浆果扁球形，成熟的果实直径4~5厘米。

该种分布于热带亚洲至澳洲北部，野生仅见于海南的琼海、万宁、陵水等滨海岸红树林。嫩果有酸味，可食。海桑的拉丁种加词"caseolaris"意为"属于干酪的"，意指其嫩果味如奶酪。呼吸根置水中煮沸后可作软木塞的次等代用品。

杯萼海桑（*S. alba*）别名枷果、剪刀树，为另一种海桑属植物。其叶片近倒卵圆形，花聚生枝顶。与海桑相比，杯萼海桑的萼筒呈杯状，具棱，果实成熟时裂片外翻，内面红色。花瓣白色，线形，与花丝不易区别。果直径 2~4.5 厘米，约等于花筒的宽度。花果期秋冬季。主要生长在浅海和海岸，另外东南亚沿海、非洲东部、澳大利亚北部也有。本种的木材在马来西亚是一种名贵的木材，多作建筑和造船用。其树皮含单宁 17.6%，可染渔网，果实也可食。

卵叶海桑（*S. ovata*）在我国仅天然分布于海南。该种的学名种加词来自拉丁文"ovatus"（卵形的），意指其叶片卵形。卵叶海桑叶片宽卵形，先端圆形；花筒具疣状，6 棱，萼片内面红色，熟时紧贴果实。不同于海桑和杯萼海桑，卵叶海桑的花瓣多为缺失，很少退化；雄蕊

● 海桑

的花丝白色。果直径 3~4.5 厘米，约等于花筒的宽度。花果期 3~10 月。生于半咸水和泥质土壤中的红树林沼泽向陆地的边缘。

除了以上海南原生种外，无瓣海桑（*S. apetala*）是我国东南沿海引种栽培的最常见的红树林植物，由于适应能力强而迅速扩散开来，现已被列入海南外来入侵种（后面有详细介绍）。

海南海桑（*Sonneratia × hainanensis*）、拟海桑（*Sonneratia × gulngai*）和钟才荣海

● 海桑

桑（*Sonneratia × zhongcairongii*）是我国海南特产的 3 个自然杂交种。

1985 年，《植物分类学报》首次命名发表海南海桑，采用的学名为 *Sonneratia hainanensis*，2007 年出版的《Flora of China》也收录了该种，但后来形态学和细胞学进一步研究表明，该种应为杯萼海桑和卵叶海桑的自然杂交种，其学名改为 *Sonneratia × hainanensis*。

海南海桑为常绿小乔木，基部周围具放射状木栓质的笋状呼吸根。叶对生，革质，阔椭圆形，先端圆钝。花常 3 朵簇生于枝顶，花梗粗壮，靠近花萼基部具关节；萼管钟形，具 6 钝棱，内部红色；在萼片之间花瓣生长的位置，有明显的退化雄蕊存在；花瓣白色，披针形，雄蕊多数，子房全部沉没在萼管内，浆果直径 5~6 厘米。目前仅见于海南文昌，生于海边泥滩。该种不但是防沙固堤的红树林的主要组成植物，而且还是一种美丽的观赏花木；木材为装饰和建筑用材，其根经过处理后也可作为木栓的代用品。

拟海桑为杯萼海桑和海桑的自然杂交种。我国仅分布在海南琼海和文昌，婆罗洲、新几内亚、昆士兰及所罗门群岛沿海也有分布。

海桑 ●

钟才荣海桑为钟才荣等 2018 年在海南东寨港红树林发现，并于 2020 年在 PhytoKeys 命名发表的一种自然杂交种，以发现人的姓名而命名，模式标本存放于中国科学院华南植物园标本馆（IBSC）。形态学研究表明，该种是由杯萼海桑和无瓣海桑的自然杂交种，叶片椭圆形，先端钝，基部渐尖，花萼杯状，内部绿色，花瓣无，花丝白色。花果期 3~10 月。据报道，目前该种仅在海南东寨港红树林有分布，且仅 2 棵植株。

除了引种的无瓣海桑之外，海南原生的海桑类植物的自然种群都比较小，花粉败育率较高，落花落果现象普遍。而且因当地建鱼塘、虾塘而被砍伐，母树少，种子易被啃食或虫害，或被潮水冲走，且种子萌发和幼苗生长缺少条件，因此存在着自我更新率较低的普遍现象。

植物档案

　　海桑属，学名 *Sonneratia*，隶属于千屈菜科，全株光滑无毛，小枝有隆起的节，单叶对生，花顶生，花萼裂片 4~6，卵状三角形，内面常有颜色，萼筒平滑无棱，浅杯状，内面绿色，海桑的花瓣线状披针形，早落，无瓣海桑花瓣无，雄蕊极多数，花盘碟状，浆果扁球形，基部被浅碟形的宿存花萼包围，顶端有宿存的花柱，成熟时果实直径 4~5 厘米，种子藏于果肉内，极多数。

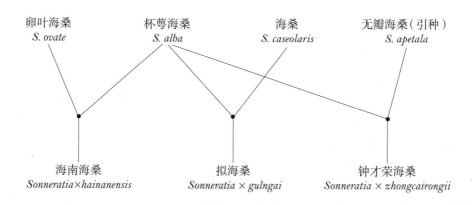

卵叶海桑	杯萼海桑	海桑	无瓣海桑（引种）
S. ovate	*S. alba*	*S. caseolaris*	*S. apetala*

海南海桑	拟海桑	钟才荣海桑
Sonneratia×hainanensis	*Sonneratia × gulngai*	*Sonneratia × zhongcairongii*

海南海桑物种多样性及关系

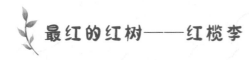

最红的红树——红榄李

榄李属（*Lumnitzera*）是一类数量较为稀少的真红树植物，隶属于使君子科，学名是为了纪念德国植物学家卢姆尼策（S. Lumnitzer, 1750–1806 年）。该属植物多为灌木或小乔木，光滑无毛，有细长的膝状呼吸根伸出水面。总状花序，花萼管状漏斗形，下部与子房合生。果实木质，长椭圆形。与海莲、木榄等植物不同，该属植物的种子不在树上萌发，不属于胎生植物。

榄李属全世界仅红榄李（*L. littorea*）和榄李（*L. racemosa*）2 种，分布在东半球热带和亚热带沿海地区。本属植物多生于潮水能到达的热带海岸盐滩上，为热带海岸红树林的主要成分。这两种在我国海南均有野生分布，其中红榄李在我国仅见于海南，种群数量十分稀少，堪称红树林中的"国宝"植物，被列为我国极小种群植物，2021 年还被列为国家一级重点保护植物。

红榄李的学名种加词来自拉丁文"littoreus"（海滨生的），意指该种植物生长在滨海岸边湿地。该种为乔木，慢生树种，树皮黑褐色。叶互生，肉质，全缘，密集于小枝末端，具极短的柄。红榄李一般在 5 月开花，顶生总状花序，花萼管长漏斗状，顶端 5 裂，花瓣 5 枚，雄蕊伸出花冠外，常为花瓣的 2 倍，花瓣和雄蕊都为深红色，色

榄李

榄李

红榄李

泽亮丽，堪称为"最红的红树花"。红榄李的子房下位，6~8月结果时，可见顶端残存的花萼和花瓣，果实纺锤形，成熟后木质。红榄李在我国仅分布于海南海口、陵水、三亚的海岸边，适生于风平浪静的海湾淤泥中。材质坚硬，纹理细致，可作精工木材用。

红榄李是红树林的偶见树种，是热带红树林替代后期的种类，对研究中国热带海岸植物区系和盐碱土植物群落都具有一定科学意义。对光照、温度和生境要求极高，果实常随海水漂浮至各地，但受当地自然条件限制和人为干扰，难以落地生根发芽。自然条件下，红榄李种子发芽率低，还经常被动物啃食，且常被乱采滥伐，人工鱼塘、虾塘对红榄李生境干扰严重，严重影响红榄李的种群生存，使得在我国的分布范围极其狭窄。

中国红树林保育联盟（CMCN）于2014年发布的《中国濒危红树植物红榄李调查报告》显示，红榄李在我国仅剩下14株，仅见于海南陵水大墩村和三亚铁炉港，自我繁育能力差，林下幼苗稀少。目前，红榄李被引种至海南东寨港国家级自然保护区，通过多年的种子繁殖尝试，其种群已扩大到数千株，野外种群复壮有望。

相对而言，同属的另一种植物榄李在我国的分布就相对广泛些，在广东、广西、海南和台湾海岸边均可见到野生分布。榄李的种加词来自拉丁文"racemosus"（总状花序的）意指其总状花序。榄李为常绿灌木或小乔木，叶片脱落后在枝条上留下

● 榄李

明显疤痕，所以榄李又被当地称为滩疤树。叶片形态与红榄李较为相似，但总状花序腋生，花瓣白色，故又被称为白榄。榄李的雄蕊与花冠近等长，果实卵形，近无梗。花果期为12月到翌年3月。

榄李树汁有显著药用价值，据《台湾药用植物志》记载："割树干，流出之液汁与椰子油合用，有抗疱疹性，治肤痒。"

使君子科中还有一种由美洲引种中国的外来红树物种——拉关木（*Laguncularia racemosa*），又名拉贡木、对叶榄李，属于对叶榄李属（或假红树属）。其学名种加词来自拉丁文"racemosus"，即为总状花序。拉关木为高大乔木，单叶对生，叶片长椭圆形，全缘，总状花序腋生，花为白色。在海南的花期为2~9月，果期为4~11月。拉关木引入海南后，由于生长迅速，在我国东南沿海大量种植，已成为海岸潮间带恢复造林中的先锋速生树种。

植物档案

红榄李，学名 *Lumnitzera littorea*，隶属于使君子科榄李属，为小乔木，具膝状呼吸根，树皮黑褐色，纵裂。叶肉质，全缘，有光泽，常聚生枝顶，近无柄，叶片倒卵形，先端钝圆或微凹，基部渐狭成不明显的柄，叶脉不明显。总状花序顶生；萼片顶端裂齿5，花瓣5枚，红色；雄蕊5~10个，常7枚，子房下位，1室。果实纺锤形，长1.6~2厘米，直径4~5毫米。国家一级重点保护植物。

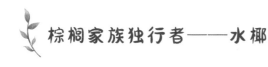

棕榈家族独行者——水椰

海南的红树林中还有另一种珍稀濒危植物——水椰（*Nypa fruticans*），为我国二级重点保护植物。

水椰隶属于棕榈科水椰属，该属产亚洲和澳大利亚的热带海岸，仅有水椰一个种，我国仅海南的东南部和东北部有野生分布，生于海湾泥沼地带或与红树林混生。其拉丁种加词"*fruticans*"意为"灌木状的"，指植株形态为灌木。英文名为"mangrove palm（红树林棕榈）"或"nipa（水椰）"。

水椰，顾名思义，"生长在水中的椰子树"。水椰与椰子树同属于棕榈科，但除了叶片形态相似以外，植株和花果形态都与椰子树明显不同。水椰，又名亚答树，马来语意为"屋顶"，因其叶片常用来做屋顶。

水椰为大型丛生常绿棕榈植物，高可达 5 米，匍匐根状茎较为粗壮，无直立的地上茎。叶从根状茎上生出，具长柄，羽状全裂，整齐排成二列，形态似椰子叶片，但叶柄更长。其佛焰花序（或称肉穗花序）也直接由根状茎抽出，直立，多分枝，花序梗短于叶柄，花单性，雌雄同株。与椰子树明显不同的是，水椰的雌花序生于花序顶端，成头状，形成的聚花果呈球形，略大于篮球，"藏"在叶柄中间，形似菠萝或露兜树的聚花果。30 余个果实簇生一起，像手撕菠萝一样，将果实一一分离，可见果实核果状，倒卵形，果皮不整齐的棱角，外表十分光亮。为适应随水漂流而散播种子，与椰子一样，每一个小的果实也含有纤维状的中果皮和海绵状的内果皮组成，里面包含卵球形的种子。

水椰为典型的热带海岸植物，是我国海南海口、三亚、陵水等地热带海岸沼泽土生长的半红树、红树林的建群种，具有防风浪、固海堤、绿化海岸和净化空气等重要生态作用。其叶可盖房屋或编席篮等，佛焰花序的汁液含蔗糖 15% 左右，可制糖浆、酿酒和醋；果肉很像椰子，可生食或糖腌制后食用，具有重要的经济价值。

棕榈科植物共有 180 属 2800 多种，绝大多数为陆生树种，水椰是棕榈科中唯一能生活在热带海岸潮间带的红树林植物。作为棕榈科植物中的独行者，水椰可能为棕榈科中的最原始类群，为最古老的被子植物之一。化石研究表明，早在 1300 万年到 6300 万年前在地球上呈热带分布。

● 水椰

如今，地球上最大的水椰林分布在印度尼西亚（约 70 万公顷）和巴布亚新几内亚（约 50 万公顷），自然分布的最北缘在琉球群岛上，最南端在澳大利亚北部。水椰适宜在半咸水环境中生长，自然条件下，一般形成纯水椰林，有时也与其他红树植物混生，其林下有见到老鼠簕、卤蕨、文殊兰等植物。

与其他棕榈科植物相比，水椰具有独有的特征，如具匍匐根茎，全株都无刺，花序直立，花被退化为线状，果实聚生于头状、紧密的果序上等。其独特的分类地位对于研究棕榈科系统发育及区系地理很有价值，有人提出水椰独立为水椰科。目前，由于生境退化严重，水椰分布点较少，自然种群过小，已被列入我国二级重点保护野生植物名录。

有意思的是，我国视之为"国宝"的水椰，在其他地方竟然成了不受欢迎的物种。20 世纪初，水椰被引种到非洲中西部和热带美洲部分地区。有报道称，1906 年水椰被引入尼日利亚以防止海岸侵蚀，还受到当地法律的保护，甚至有人因切下

一手掌大的水椰叶片而被起诉监禁。但后来，水椰生长迅速且果实随水流传播，沿着海岸扩散开来，甚至逐渐"排挤"当地红树林的本土物种，造成当地生物多样性丧失，影响了当地的鱼类捕捞和贝类采集，还影响了海岸边的农业海运，引起当地人的警惕和重视。已被认作外来入侵植物，因此，专家建议，对于非本土植物种类的引种一定要慎重，不论是用于观赏、食药用还是生态修复，需要对物种进行环境因子和入侵性的全面评估。

● 水椰

植物档案

　　水椰，学名 *Nypa fruticans*，隶属于棕榈科水椰属，为丛生型棕榈，高可达5米，具匍匐根茎，二叉分枝，叶互生，羽状全裂，裂片狭长披针形；佛焰花序具长梗，直接由根茎抽出，佛焰苞多数，花单性，雌雄同株，雌花序生于花序顶端，头状，雄花序为葇荑花序状，生于雌花序下侧；雄花小，雌花大，花被片6。聚花果球形，果核果状，光亮，倒卵形，果皮不整齐的棱角，外果皮光滑，中果皮具纤维，内果皮厚，海绵状，有交织的纤维束组成。

果如山羊角——蜡烛果

蜡烛果（*Aegiceras corniculatum*）也为滨海岸最常见的红树林植物。在我国有很多的别称，其中"桐花树"最为普遍，还有"水萝""红蓢""浪柴""黑榄""黑枝"，海南也有人称之为"黑脚梗"。

蜡烛果属在《中国植物志》中放在紫金牛科，后来在最新的被子植物分类系统APGIV中，被列入报春花科。该属全世界仅2个种，主要分布在亚洲热带和亚热带以及澳大利亚南部。我国原产仅1种，即蜡烛果。分布于我国东南沿海一带及印度、中南半岛及澳大利亚南部等地，在海南红树林中十分常见，多生于有淡水输入的中潮带滩涂，常大片生长在红树林外缘，形成低矮而稠密的灌木丛。

蜡烛果的拉丁属名来自希腊语"aix"（山羊）+"keras"（角），意指其果实形状如山羊角。种加词来自拉丁文"corniculatus"，意为"小角状的"，也指果实形状小角状。为常绿灌木或小乔木，多分枝，高1~3米，树皮平滑；叶互生或于枝条顶端近对生，叶片革质，倒卵形，全缘，腺点不明显。叶片与秋茄树较为相似，但顶端圆形或微凹，叶柄长5~10毫米。与其他红树林植物一样，蜡烛果的叶片表面有盐腺，变黄的老叶泌盐现象更明显，通过落叶将体内的盐分排出去。

蜡烛果的10余朵小白花组成伞形花序，生于枝条顶端，花序梗近无；花两性，花梗长约1厘米，花萼绿色，果期宿存，花冠白色，钟形，基部连合成管，花时反折；雄蕊略短于花冠。蓢果绿白色，圆柱形，顶端长渐尖，长约6厘米，直径约5毫米，宿存萼片紧包基部，果实纵向开裂。果实弯曲如新月形，状如山羊角，因此台湾人称之为羊角木或山羊木，又状如燃烧的蜡烛，故此得名蜡烛果，而在我看来，其果实更像一个个弯弯的小青辣椒，但果实有毒不能食用哦。

最初看到蜡烛果的果实时，我其实很困惑，多数红树林植物都有胎生现象，如果挂在树上的这种羊角状的东西是其种子萌发后的胚轴，那么果实部分怎么不见呢？带着疑惑我查阅了很多资料，发现我的猜测是错误的，这就是蜡烛果的果实！

● 蜡烛果

蜡烛果的胎生属于红树林中的隐胎生，即种子在树上萌发，胚轴呈圆柱形，但并不伸出果皮，只有落地后胚轴才涨破果皮，显露出来。

每年的 7~9 月，是蜡烛果果实成熟和采收的季节。成熟期间，果实明显比原来膨大，外果皮由黄绿色变白色。采收后的果实用自来水或低盐度的海水浸泡 1~2 天后置于阴凉处，保湿一周后即可见伸出来 1~2 厘米的种子胚轴，这时便可播种。

蜡烛果为慢生树种，生长较慢，种植过程中可适当喷施 0.3% 的尿素水。蜡烛果喜温暖湿润气候，生于海边潮水涨落的泥滩，有较强的抗海潮抗风能力，常与红树科植物一起构成群落或独立成林，适合沿海生态景观林带种植。此外，蜡烛果的树皮含鞣质，可做提取栲胶的原料，木材是较好的薪炭柴，还是很好的蜜源植物，花芳香甜蜜，可出产高质量蜂蜜。

植物档案

蜡烛果，学名 *Aegiceras corniculatum*，隶属于报春花科蜡烛果属，为灌木或小乔木，分枝多，叶片互生，倒卵形，先端圆钝或微凹，基部楔形，伞形花序生枝条顶端，花两性，5 数，花冠白色，钟形，子房上位，蒴果圆柱形，新月状弯曲，长 6~8 厘米，宿存花萼紧包基部。

海洋果树——白骨壤

爵床科植物也有一个类群可生长在沿海滩涂，也属于真红树植物，它就是海榄雌属（*Avicennia*）。海榄雌属早期放在马鞭草科，根据最新的被子植物分类系统 APGIV，现隶属于爵床科，学名是为了纪念波斯医生阿维琴纳（Avicenna，980—1036 年）而命名。全世界有记录 8 种，分布于热带和亚热带的沿海地区，我国仅有 1 种。

海榄雌（*A. marina*）俗名白骨壤、咸水矮让木。学名种加词来自拉丁文"marinus"（生于海中的），即指该种生长在沿海潮间带。为常绿灌木，在我国主要分布在福建、台湾、广东和海南，生长于海边和盐沼地带，组成海岸红树林群落。

海榄雌（白骨壤）的气生根和叶背

海榄雌与前面介绍的红树科海榄中文名仅一字之差，但亲缘关系较远，很容易让人混淆。相比于"海榄雌"这个名字，更多人喜欢称之为白骨壤。可能因其树皮呈灰白色，且周边伸出来细棒状的呼吸根，看起来如根根白骨插入土壤而得名。

海榄雌的叶片与榄李、蜡烛果等植物形态相似，为单叶对生，革质，卵形至倒卵形，叶柄极短，叶边全缘，顶端钝圆，基部楔形，表面无毛，有光泽，但背面有白色茸毛，颜色灰白色，可以明显识别。树叶是牛羊喜欢啃食的青饲料。聚伞花序生于枝顶，紧密成头状，花序梗长1~2.5厘米，花小，直径约5毫米，对生于花序梗上，花部密生茸毛，花萼杯状，宿存，顶端5裂，花冠黄褐色，钟状，顶端4裂，雄蕊4。

每年的7~10月，在树枝顶端可见到花果。果实有毛，如小毛桃，为蒴果，深2瓣裂，含1颗种子。海榄雌的果实俗称"榄钱"，海南也称为"海豆"，富含淀粉，无毒，浸泡去涩后可炒食，为红树林植物中被作为食物利用最多的种类，也称为海洋果树。果皮单宁含量较高，食用前需要清水浸泡和水煮脱皮。

海榄雌一般生长在海岸线的最边缘，常组成单一群落，承受着惊涛骇浪，为红树林的先锋树种，被称为"海岸卫士中的排头兵"。

海榄雌具有红树林的典型特征，比如在主干四周长出无数细棒状的出水呼吸根（高8~10厘米），帮助其进行气体交换；叶肉内有泌盐细胞，能把叶内的含盐水液排出叶面，其叶背常可见到闪亮的白色盐晶体；具有胎生现象，但不同于红树、木榄、秋茄等红树科植物的显胎生，海榄雌与蜡烛果一样也属于隐胎生植物，其种子在果实内萌发，形成具有幼苗雏形的胚体，果实掉落后随海潮漂流或被冲击到海岸泥滩，胚体才会萌发生根，生长发育成新的植株。

● 海榄雌（白骨壤）的花和果

植物档案

海榄雌（白骨壤），学名 *Avicennia marina*，隶属于报春花科蜡烛果属，为灌木或小乔木，分枝多，叶片互生，倒卵形，先端圆钝或微凹，基部楔形，伞形花序生枝条顶端，花两性，5数，花冠白色，钟形，子房上位，蒴果圆柱形，新月状弯曲，长6~8厘米，宿存花萼紧包基部。

刺齿灌丛——老鼠簕

● 老鼠簕的异型叶片

爵床科家族中还有一种植物，常低调地散生于红树林下层，叶片有泌盐现象，有支柱根和呼吸根，也属于真红树植物。它有个很奇怪的名字——老鼠簕（lè）。

老鼠簕（*Acanthus ilicifolius*）属于老鼠簕属，如果你没听说过老鼠簕属，你一定听说过老鼠簕属的模式种虾膜花（*A. mollis*）吧，它在我国南方公园或北方温室常被引种栽培作观赏。一直不明白老鼠簕名字的来历，直到朋友给我发来其果实的照片我才明白过来。原来，老鼠簕椭圆形的果实后面拖着长长的宿存花柱，极似老鼠的身体和尾巴，加上叶边有被称为"簕"的尖锐锯齿，因此而得名。

老鼠簕的属名"*Acanthus*"来自希腊语"akantha"，指叶片边缘常有锐刺状的齿缺，种加词来自拉丁文"ilici"（由冬青属学名 *Ilex* 变化而来）+"folius"（叶片），意指其叶片似冬青叶，故又名冬青叶老鼠簕。英文名为 spiny mangrove，意为"带刺的红树"。《中国植物志》曾记录我国厦门有一个小花老鼠簕的变种——厦门老鼠簕，后被归并入了老鼠簕，故又被称为厦门老鼠簕。因花冠顶端为淡蓝紫色，所以老鼠簕又称为淡蓝紫老鼠簕。

老鼠簕为直立灌木，茎粗壮，圆柱状；托叶刺状，叶十字对生，革质，两面无毛，叶片长圆形，基部楔形，叶片羽状浅裂，裂片顶端突出尖锐硬刺。但在红树林植物考察中，我们还发现，同一株老鼠簕的植物叶片边缘会出现近全缘、微齿

老鼠簕

和深裂锯齿等不同形态，但同一分枝的叶片形态较为一致，十分神奇。老鼠簕的穗状花序顶生，苞片2枚，花冠淡蓝紫色，为二唇形花冠，但上唇退化，只有伸展的下唇，顶端3裂，雄蕊4枚，花柱长2.2厘米，柱头2裂。其蒴果椭圆形，两侧压扁，有光泽，栗棕色，内有1~4颗隐胎生的种子。因此，老鼠簕也属于隐胎生植物，种子在树上萌发，但未伸出果实，外观看不出来，只有落地后胚轴才伸出果皮。

老鼠簕生活在潮汐能到达的滨海地带，与其他红树林植物相比，老鼠簕具有更强的耐寒能力。此外，老鼠簕的根是一种很好的药材，具有凉血清热、散瘀积、解毒止痛等功能。

该属全世界有记录30种，分布在东半球热带和亚热带。我国有野生分布3种。除了老鼠簕，海南还有一种小花老鼠簕（*A. ebracteatus*），也生于我国南部海岸及潮汐能至的滨海地带，为红树林重要组成之一。但不是所有的老鼠簕属植物都为红树林植物。刺苞老鼠簕（*A. leucostachyus*）仅分布在云南西双版纳，生于山地密林潮湿处。

老鼠簕和小花老鼠簕两者形态相比，老鼠簕的叶柄长3~6毫米，叶片先端急尖，花淡蓝紫色，花有2枚小苞片。而小花老鼠簕的叶柄较长，为1~4厘米，叶片先端平截，侧脉粗，直贯齿尖，花冠白色，花无小苞片，其学名种加词来自拉丁文"e-bracteatus"（无苞片的），以此记录小花老鼠簕的突出特征。

老鼠簕在我国主要分布于海南、广东和福建沿海，花果期5~7月，除了具有显著的红树林生态价值外，其植株形态和花果也具有一定的观赏价值。

植物档案

　　老鼠簕，学名 *Acanthus ilicifolius*，隶属于爵床科老鼠簕属，为直立灌木，叶对生，叶片长圆形，边缘全缘或4~5羽状浅裂，穗状花序顶生，花萼裂片4，花冠紫白色，上唇退化，下唇倒卵形，先端3裂，蒴果椭圆形，种子4颗。

小花老鼠簕

乳汁有毒——海漆

植株具有白色乳汁是大戟科的典型特征之一。作为红树林植物之一的海漆（*Excoecaria agallocha*）也是如此。但不是所有树种的白色乳汁都能像橡胶树那样受到人类的欢迎，海漆全株含有的白色乳汁却是有毒的，可引起人体皮肤红肿、发炎，入眼短暂性失明，因此又名盲人红树或盲人树，被列为有毒植物。

大戟科是个经济价值巨大且物种数量庞大的家族。根据《Flora of China》记载，全世界约有322属8910种，我国约有75属406种。海漆是大戟科中为数不多的生长在海岸滩涂的红树林植物。该种在我国东南沿海、海南和台湾有原生分布，与其他红树林植物混生。

海漆，顾名思义"生长在海边的漆树"，但海漆与漆树有着本质的差别。漆树属于漆树科，除了都容易致人皮肤生疮或瘙痒以外，两者亲缘关系其实较远。根据《植物学名解释》，海漆的属名来自拉丁文"excaecare"（使眼盲），意指其汁液擦在眼上，可使眼致盲。但可能后人误将"a"写成了"o"，才成为现在的属名"*Excoecaria*"；种加词来自拉丁文"agallocha"（像沉香的），意指其木材烧起来有香味，常为沉香的替代品，因此海漆属也叫土沉香属。值得注意的是，这里的土沉香与瑞香科的土沉香（*Aquilaria sinensis*）完全不是一回事，因此，为避免混淆，还是采用海漆属一目了然。

海漆为常绿乔木，高可达2~3米，茎枝具多数皮孔。叶互生，椭圆形，顶端钝尖，两面光滑无毛，网脉不明显，叶柄粗壮，顶端有2圆形的腺体。海漆的花十分迷你，且为单性，雌雄异株，聚集成总状花序；雄花序如同一条条毛毛虫，雌花序较短，都为黄绿色，无论雌花还是雄花，都没有花瓣。花期过后，海漆的雌株上会长出圆圆的、绿色的果实，残存3个外卷的花柱。果实成熟后开裂，顶端具喙。

海漆多生于高潮带以上的红树林内缘，属于后红树林（backmangal）植物。在不受潮汐影响的地段也能见到海漆的分布，且不具有胎萌、气生根以及高渗透压等典

海漆

型红树林植物的特征。因此，关于海漆是否为真红树，一直多有争议但目前大多数专家依然将海漆列为真红树植物。

海漆具有速生、抗逆性强等特点，对防风固岸有显著效果，是海拔高潮位地带和河道的护岸树，常作为我国东南沿海大面积营造红树的重要树种。海漆叶色多变，也可用于沿海生态景观林种植。因为汁液有毒，马来西亚的砂拉越州用它作箭毒或用来毒鱼。在泰国，海漆的木材和树皮被用来治疗肠胃胀气。在斯里兰卡，海漆的根与姜一起捣碎被用来治疗手脚的肿胀，且木材燃烧的烟雾被用来治疗麻风病。

海漆属全世界有35种，我国有5种。除了红树林植物海漆之外，海漆属中大家最为熟悉的莫过于南方庭院常见栽培的观赏植物红背桂（*E. cochinchinensis*）了。其变种绿背桂（*E. cochinchinensis* var. *formosana*）在海南有野生分布，常见于海南中南部山区的山谷林下、路旁。

● 海漆

植物档案

海漆，学名 *Excoecaria agallocha*，隶属于大戟科海漆属，为常绿乔木，茎枝具皮孔。叶互生，厚，近革质，椭圆形，顶端钝尖，两面光滑无毛，网脉不明显，叶柄粗壮，长1.5~3厘米，顶端有2个圆形腺体；花小，单性，雌雄异株，聚集成总状花序，雄花序长3~4.5厘米，萼片3，雄蕊3枚，雌花序较短；蒴果球形，开裂成3个具2裂瓣的分果爿，顶端具喙。

绿瓶插白花——瓶花木

瓶花木

茜草科有很多我们所熟悉的身边植物，比如路边野生的藤本植物鸡屎藤、染料植物茜草、观赏灌木栀子花到重要材用乔木乌檀，都与我们的生活息息相关，这里还要介绍一种十分少见的红树林植物——瓶花木（*Scyphiphora hydrophyllacea*）。

瓶花木也为红树林中的真红树植物，隶属于茜草科瓶花木属。瓶花木属为单种属，仅瓶花木一种，分布于东半球热带海岸。

瓶花木俗称厚皮，但与漆树科的厚皮树可不是一个种。其属名 *Scyphiphora* 来自希腊语"skyphos"（杯）+"phoreo"（生有），意指其花冠杯状。种加词来自拉丁文"Hydrophyllus"（水叶的），可能是指瓶花木生长在水中。值得注意的是，邱园在线世界植物名录（Plants of the World Online）、GBIF 等网站中，都将瓶花木的种加词误写为"hydrophylacea"，少写了一个"l"。

瓶花木的植株及叶片形态与秋茄树十分相似。但瓶花木多为灌木状，全株光滑无毛。嫩枝和嫩叶有胶状物质。叶交互对生，革质，倒卵圆形或阔椭圆形，顶端圆形，基部楔形，常下延，具柄，落叶后在枝条上留下明显的叶痕。

每年的 7~12 月为瓶花树的花果期，花较小，组成腋生的聚伞花序，呈二歧状分枝；单花的花梗极短，花萼和花冠呈长圆筒形，顶端 4~5 裂，萼筒绿色，花冠顶端裂片明显向外反卷，黄白色，整个花序如同一个个迷你绿色花瓶中插着朵朵小白花，因此得名瓶花木。子房下位，核果长圆状圆柱形，有纵棱，顶部冠以宿存的萼檐。

瓶花木在我国仅见于海南海口琼山、文昌、万宁、三亚等海边泥滩的红树林，较为少见，在有淡水输入的热带海岸高潮滩涂，常与榄李生长在一起。瓶花木耐水湿但不耐旱，根系发达，具有防风消浪、固土护堤的生态功能，其树皮可提制栲胶，而且据研究表明，该植物的有机溶剂提取物还有抗肿瘤活性。

● 瓶花木

植物档案

　　瓶花木，学名 *Scyphiphora hydrophyllacea*，茜草科瓶花木属，为灌木或小乔木，小枝多节而节间短，全株无毛。叶对生，叶柄长0.5~1.5厘米，叶革质，倒卵圆形，顶端圆形，基部楔形，常下延。二歧聚伞花序腋生，花梗长1~2毫米，萼管长倒圆锥形，萼檐长1.5毫米，果期宿存，花冠管圆筒形，长4~5毫米，雄蕊4~5枚，子房下位，核果长圆状圆柱形，长约1厘米，有6~8条纵棱。

海滨木柚——木果楝

木果楝（*Xylocarpus granatum*）别名海柚，为楝科植物木果楝属的模式种。该属全世界有3种，仅木果楝在我国有分布，且仅分布于海南，较为少见。生于热带海岸潮间带，混生于浅水海滩的红树林中，为真红树植物，具有较强的防风固土的能力。

木果楝为乔木或灌木，高可达5米，基部常形成翼状板根。叶互生，叶柄较长，通常是由4枚对生的叶片组成羽状复叶；叶片近革质，椭圆形，叶边全缘，两面光滑无毛，常呈苍白色；小叶柄极短，基部膨大。花果期很长，每年4~11月都可见。花朵较小，组成腋生圆锥花序，花两性，花梗相对较长，花萼和花瓣都为4枚，花黄白色。蒴果球形，直径10~12厘米，具柄，外形似一个个小柚子，生长在海边，故俗称海柚。但木果楝的果实坚硬如木，其拉丁属名"*Xylocarpus*"意为"木质果的"，即为此意。

果实成熟后会开裂为4个果片，每果实有种子8~12颗，种子大而厚，有棱角，无假种皮及翅，内种皮海绵状，无胚乳。其种加词来自拉丁文"Granatus"，意为

● 木果楝

● 木果楝

"多籽的"，指果实含种子数量多。果实常在6月即可采收。东南亚民间常用其种子治疗腹泻、霍乱和由疟疾引起的发烧，海南民间用其种皮治赤痢，种仁用作滋补品。

木果楝的树皮含单宁30.255%，木材赤色，坚硬，比重0.72，适为车辆、家具、农具、建筑等用材。在我国种群数量极少，已被列入我国二级重点保护植物，成为楝科家族中3种国家级重点保护的类群之一，其余2种分别为米仔兰属的望谟崖摩（*Aglaia lawii*）和香椿属的红椿（*Toona ciliata*）均生于山地林中，海南未见。

在海南红树林植物观察过程中，我们发现，很多红树林植物的叶片为倒卵形，顶端圆钝，如秋茄树、角果木、海桑、榄李、蜡烛果、海榄雌、木果楝等，不少植物离岸有一定距离，远远望去较难识别。如要辨认这些物种，就要想办法走近仔细辨识，如能见到花果就更容易了。对于木果楝，由4枚叶片组成的羽状复叶、小叶柄膨大的基部、疏散的白色聚伞花序、似柚子的坚硬蒴果以及其棱角分明的种子等便是识别它们的关键特征。

植物档案

木果楝，学名 *Xylocarpus granatum*，隶属于楝科木果楝属，为乔木或灌木，高达5米；叶互生，偶数羽状复叶，叶柄长3~5厘米，小叶通常4片，对生，近革质，椭圆形，边全缘，两面均无毛，小叶柄基部膨大；圆锥花序腋生，花两性，花梗超过1厘米，花萼短，4裂；花瓣4片，白色；雄蕊管壶状，花药8枚，无花丝；蒴果球形，直径10~12厘米，具柄，种子有棱。

海水生蕨类——卤蕨

与苔藓一样，蕨类植物也是一类不开花的孢子植物，但相比形态结构简单的苔藓，蕨类植物进化出了真正的根、茎、叶，并且有了维管束的分化。4亿年来，从高大的树蕨到低矮的草本，蕨类植物具有极其丰富的物种多样性，在种子植物占优势的今天，蕨类植物大多退居配角，成为林下荫生的草本植物，但热带湿地沼泽的红树林伴生植物卤（lǔ）蕨却喜欢阳光，能耐盐碱，成为海南湿地蕨类中少有的先锋植物和佼佼者。

卤蕨属（*Acrostichum*）是一类隶属于凤尾蕨科的热带和亚热带海岸沼泽植物，因为常生长于海水环境而得名卤蕨。这类植物的根状茎直立，顶部密被鳞片，先端有一球形顶芽。叶簇生，奇数一回羽状，羽片披针形，全缘，基部羽片不育，上部羽片能育。孢子囊沿网脉着生，无盖。卤蕨属拉丁属名来自希腊语"akros"（在顶尖的）+"stichos"（行列），可能是指孢子囊群生在叶片顶端，沿网脉着生。

卤蕨属全世界仅4种，我国有记录卤蕨（*A. aureum*）和尖叶卤蕨（*A.speciosum*），分布于我国东部沿海。这2种在海南均可见到，能耐盐碱，可用于海岸绿化。

卤蕨为卤蕨属的模式种，1753年由林奈命名，学名中的种加词"aureum"来自拉丁文"aureus"，意为金色的，故又称为金蕨，意指卤蕨叶片干后光滑，呈黄绿色。卤蕨植株较为高大，叶柄粗壮，上端为枯禾秆色，一回羽状复叶，羽片可多达30对，只有中部以上的羽片能育。孢子囊群无盖，满布在能育羽片的背面，红棕色，远远看去就像叶片前端干枯了的样子。成熟后的孢子囊颜色变深，孢子容易随风飘落。至于飘落后的孢子能否顺利萌发，就要看它们的运气了。

卤蕨主要生长在热带海岸边泥滩或河岸边，产我国海南（文昌，陵水）、广东、广西、云南、香港和台湾，亚洲其他热带地区、非洲、美洲热带也有分布。值得一提的是，卤蕨曾经在福建有野生分布，现已在该地野生灭绝。

尖叶卤蕨是海南产的另一种海岸伴生植物。其种加词来自拉丁文"speciosus"，意为"美丽的"，是指其株形漂亮，十分美丽。尖叶卤蕨也为多年生草本，植株比卤蕨小，根状茎直立，连同叶柄基部被鳞片。叶簇生，叶柄长50厘米左右；叶片也为奇数一回羽状复叶，比卤蕨小，中部以下的不育，阔披针形，顶部略变狭而短渐尖，故得名尖叶卤蕨。叶柄长1厘米；中部以上的羽片能育，无柄。生于热带海岸边泥滩或河岸边，少见于热带亚洲及澳大利亚，在我国仅见于海南文昌、清澜港等沿海湿地，种群分布十分狭窄。

卤蕨和尖叶卤蕨在形态上有较明显的区别，在野外容易辨认。尖叶卤蕨相对较小，高约1.5米，羽片约15对，阔披针形，顶部短渐尖。卤蕨的植株较为高大，高可达2米，羽片多达30对，长舌状披针形，顶端圆，具小突尖或凹缺。

卤蕨和尖叶卤蕨有着很高的园艺观赏价值，在热带地区的植物园造景中景观效果较好。中国民间将卤蕨用于创伤止血、风湿、便秘等。卤蕨不仅具有良好的抗菌能力，还具有较高的抗肿瘤活性。

值得一提的是，卤蕨和尖叶卤蕨为海岸潮间带生长的草本植物，是否归列为红树林植物，尚有些争议。2021年出版的《中国红树林湿地保护与恢复战略研究》明确将红树林定义为"生长在热带、亚热带海岸潮间带的木本植物群落"，尽管卤蕨和尖叶卤蕨不属于"树"的范畴，还是将之归类为红树林中的真红树植物，本书沿用了该处理方式。

尖叶卤蕨

植物档案

卤蕨，学名 *Acrostichum aureum*，隶属于凤尾蕨科卤蕨属，为多年生草本，株高可达2米，根状茎直立，叶簇生，叶柄长30~60厘米，基部被褐色鳞片，叶片长0.6~1.4米，奇数一回羽状，羽片达30对，披针形，叶脉网状，两面明显，中上部羽片能育，孢子囊密生羽片背面。

卤蕨

银背半红树——银叶树

有一类木本植物，既能生长在海岸潮间带，也能在陆地上非盐渍土生长，这类能两栖的木本植物被称为半红树植物。我国原生的半红树植物主要来自莲叶桐科、豆科、锦葵科、梧桐科、千屈菜科、玉蕊科、夹竹桃科、唇形科、紫葳科、菊科等，有十余种。这些植物常生长在滨海岸，经过海水短暂浸泡也能保持生机盎然，极大地增加了沿海城市绿化和防护林的物种多样性，成为海岸生态防护的卫士。

多年前，我在哈尔滨朋友家见到了一个很奇怪的果实，近椭圆形，呈黄褐色，果皮木质不开裂，外部光滑，背部有龙骨状突起，摇一摇能听到里面种子晃动的声音。不知为何，见它外形的第一眼，我想起了济公的帽子。朋友忘了这个果实的名字，我试着用各种识图软件都没能识别出来，慢慢也就放在了一边，直到后来在海南红树林植物考察时才认识了它——银叶树（*Heritiera littoralis*）。

银叶树是一种典型的半红树植物，其属名 Heritiera 是为纪念 19 世纪法国植物学家拉德利尔（Ch. L. Heritier De Brutelle，1746—1800 年），以感谢他对桉属植物研究的贡献。该属早期放在梧桐科，最新的被子植物分类系统（APG IV）将它放在锦葵科。这类植物多为常绿乔木，大树基部常有板根，叶片背面常密被银白色鳞片，在阳光下反射出银光，故被称为银叶树。

据统计，银叶树属全世界有 35 种，主要分布在东半球的热带沿海地区。我国有野生分布 3 种，分别为银叶树、长柄银叶树（*H. angustata*）和蝴蝶树（*H. parvifolia*），这 3 种在海南都有野生分布。

银叶树为银叶树属的模式种，是典型的"板根树"，也是该属植物中分布最为广泛的种类。为常绿乔木，叶革质，较为宽大，椭圆形或卵形，叶背密被银白色鳞片。夏季开花，圆锥花序腋生，密被星状毛和鳞片；花朵较小，红褐色，无花瓣。果实坚果状，近椭圆形，干时黄褐色，背部有龙骨状突起。因果皮含木栓状纤维层，能漂浮在海面，从而将种子散布到各地。银叶树的拉丁种加词"*littoralis*"意为"海滨

● 银叶树

蝴蝶树 ●

植物档案

银叶树，学名 *Heritiera littoralis*，隶属于锦葵科银叶树属，为常绿乔木，叶柄长 1~2 厘米，叶片革质，椭圆形，顶端钝尖，基部钝，叶背密被银白色鳞片，圆锥花序腋生，长约 8 厘米，密被星状毛及鳞片，花单性，无花瓣，花萼钟状，5 浅裂。果实近椭圆形，干时黄褐色，长约 6 厘米，背部有龙骨状突起，种子卵形，长 2 厘米，无胚乳。

生的、属于海滨的"。我国广东、广西、海南和台湾的滨海城市可以见到。其木材坚硬，为建筑、造船和制家具的良材。

长柄银叶树，又名大叶银叶树、白楠、白符公，与银叶树一样，其花也为红色，果皮木质，但果皮具长约 1 厘米的短翅，明显不同于银叶树的果实，而且叶柄更长，2~9 厘米，故中文名为长柄银叶。此外，长柄银叶树的学名种加词来自拉丁文 "angustatus"（渐狭的），意指其叶片比银叶树更狭长。除了海南有分布外，还在我国广东和云南以及哥伦比亚可见，生于山地或近海岸，有人认为它也属于半红树。

不同于分布在滨海岸的银叶树和长柄银叶树，蝴蝶树是海南山地热带雨林的最上层树种，为高大乔木，高可达 30 米，基部有明显的板根现象。叶片椭圆状披针形，其学名种加词来自拉丁文 "parvifolius"（小叶的），意指与银叶树相比，其叶片明显小一些，可直译为小叶银叶树。花为白色，果实革质，密被鳞片上端有鱼尾状的长翅，翅长约 4 厘米，像一只只停歇在枝头的银蝴蝶，故该植物被称为蝴蝶树。

蝴蝶树在我国仅野生分布于海南保亭、崖县、乐东等地，早期认定为海南特有种，后来发现在印度、缅甸和泰国也有野生分布。蝴蝶树木材暗红色，质硬，有优良的造船木材。目前野生种群数量十分稀少而濒危，2021 年被列入《国家重点保护野生植物名录》二级重点保护物种。

长柄银叶树 ●

海滨变色芙蓉——桐棉

● 桐棉

锦葵科是极为重要的经济植物，我国有百余种。我国很多种类不仅常做观赏种植，而且茎皮常为优良的植物纤维，可做棉绒，甚至部分种类还可食用和药用。滨海边多为沙地或岩石基质，生长在这里的植物一般根系十分发达，不仅需要抵御风浪，还要能耐盐碱和耐贫瘠，十分不易。

据调查，生长在海南滨海边的锦葵科植物种类不多，除了银叶树之外，桐棉（*Thespesia populnea*）和黄槿（*Hibiscus tiliaceus*）也较为常见，并且也属于半红树植物。

桐棉又称杨叶肖槿、长梗肖槿和长梗桐棉，隶属于桐棉属，为桐棉属的模式种，其拉丁属名来自希腊语"thespesios"（神圣的），即是指其花刚开时为黄色后变紫红色，十分神奇，堪称为"海岸边的变色芙蓉"。种加词来自拉丁文"populneus"（像白杨的），是指叶片形态像白杨叶片。

桐棉为常绿乔木，树干笔直，植株被盾形鳞秕，叶片单叶互生，卵状心形，先端长尾状，叶边全缘，叶柄长 4~10 厘米；全年均可见开花，花形似芙蓉，单生于叶腋间，花萼杯状，花冠钟形，花瓣 5 枚，初开时黄色，后变为紫红色。桐棉的果实为木质蒴果，室背开裂，种子具褐毛或无毛。我国广东、海南和台湾有野生分布，常生于海边和海岸向阳处，热带亚洲和热带非洲也有见到，抗寒性较弱。桐棉具有一定的耐盐能力，但生境盐度高时会出现叶片脱落现象。

桐棉属主要分布在东半球的热带和亚热带地区，全世界有记录 14 种，中文版《中国植物志》中曾经记录的海南崖县特有种长梗桐棉（*T. howii*）已被归并入桐棉本种。因此，我国仅有记录 2 种，除了桐棉外，还有白脚桐棉（*T. lampas*）在海南也有记录，拉丁种加词"lampas"意为"灯、火炬"，是指开花时的形态似火炬。

白脚桐棉常见于热带山地灌丛，不属于滨海之地的半红树植物。白脚桐棉与桐棉的主要区别在于，白脚桐棉的植株被星状茸毛，不具鳞片，叶片掌状 3 裂，蒴果

呈具5棱的椭圆形，种子光滑，仅种脐旁侧
具一环短柔毛。因此，无论是生境还是叶片
和种子形态很容易与桐棉区分。

　　黄槿是另一种锦葵科植物，属于木槿属，
为常绿灌木或乔木，看到的初步感觉与桐棉
较为相似，容易混淆。不同的是，黄槿的叶
片革质，近圆形，先端突尖，有时短渐尖，
基部心形，全缘或不明显细圆齿，叶柄长
3~8厘米。托叶叶状，长圆形，先端圆，早
落，花顶生或腋生，常排列成聚伞花序，总
花梗长4~5厘米，基部有一对托叶状苞片，
小苞片中部以下连合成杯状。花萼基部合生，
上部5裂，花冠钟形，鲜黄色，后期变红色。

　　值得一提的是，我国的滨海岸沙地还有
一种木槿属的代表性植物——海滨木槿（*H. hamabo*），是海岸防风护塘固土的极佳选择
和湿地的先锋树种。相比于黄槿，海滨木槿
多以灌木形态出现，叶片扁圆形，较小，可
以区分开来。海滨木槿也被列入半红树植物，
但该种在我国仅在浙江宁波、舟山沿海、广
东有记录，海南暂未发现其野生分布。

● 桐棉

● 黄槿

植物档案

　　桐棉，学名 *Thespesia populnea*，隶
属于锦葵科桐棉属，为常绿乔木，高
3~5米，小枝密被褐色鳞秕，托叶线状
披针形，叶片卵状心形，先端尾状渐
尖，基部浅心形，边全缘，花单生叶腋，
花瓣5，花萼杯状，花冠钟形，初开黄
色，后变紫红色；蒴果，直径2厘米，
室背开裂，种子有毛或无毛。

美丽毒杧——海杧果

一听到"海杧果"这个名字，就令人想起杧果的诱人色泽和唇齿间的清香。海杧果（*Cerbera manghas*）的果实看起来的确像小杧果，一般生长在海边而得名海杧果。但它其实是夹竹桃科的一种半红树植物，与漆树科的杧果（*Mangifera indica*）亲缘关系较远。

生在南方的朋友一定熟知一种长得像鸡蛋的花。对，就是那个5枚白花瓣中心有一抹亮丽黄色如蛋黄的鸡蛋花。海杧果与鸡蛋花同属于夹竹桃科，尽管属于不同的属，但海芒果属和鸡蛋花属之间却有着较为亲密的亲缘关系。既然海杧果与鸡蛋花是近亲，于是在形态上便有了较多的相似。

与鸡蛋花一样，海杧果也为常绿小乔木，全株具丰富乳汁，叶片在枝条上呈螺旋状互生，倒卵状长圆形，光滑无毛，叶脉在叶面上较为明显，侧脉在中脉两侧几乎平行伸出，乍一看还真难分。海杧果有很多的俗名，比如海檬果、海芒果、黄金茄、黄金调、山杭果、香军树等，其花果期都几乎为全年。与杧果细细碎碎的米粒般花朵不一样，海杧果的花大，直径约5厘米，洁白美丽，且具芳香气味。花朵数量众多，在枝顶端集成聚伞花序。花朵形态十分特别，花梗较长，5枚雪白的花瓣基部相互覆瓦状排列，像一个个白色小风车在枝头迎风旋转。花萼黄绿色，向下翻卷，花冠高脚碟状，喉部膨大，呈红色，雄蕊着生在花冠筒喉部，花丝黄色。

与鸡蛋花的圆筒形蓇葖果明显不同，海杧果的果实为核果，双生或单个，近圆形，形似小芒果，成熟时橙黄色至红色，浑身散发着诱人的气息。

● 海杧果

● 海杧果

　　海杧果主要产于东半球热带，在我国见于广东、广西、台湾和海南等地。海南较为常见，喜生于海边湿润地方，是一种较好的防风防潮树种。果实内含一粒种子，果皮光滑，内为木质纤维层，使之能于海水中保存一段时间而借助海流散布，是海岸林植物传播的特殊方式。其树冠、叶色及其花果都极具观赏性，常被引种至植物园供观赏，也作庭园、公园、道路绿化、湖旁周围栽植观赏。

　　值得注意的是，与夹竹桃科的很多植物一样，海杧果的茎、叶和果都有毒，所以它有个可怕的英文名"Suicide Tree"（自杀树），国内有人称之为"美丽的毒药"。其属名来自拉丁文"Cerberus"（古神话中的三头蛇尾犬），即指该植物体有毒。学名种加词由葡萄牙语"manga"音译并演变而来。

　　据记载，海杧果的果皮含海杧果碱、毒性苦味素、生物硷、氰酸等，毒性强烈，人、畜误食能致死。外地的客人到海南，一定要注意鉴别海杧果，可不要被它光鲜亮丽的外表蒙骗，酿成大祸。

植物档案

　　海杧果，学名 *Cerbera manghas*，隶属于夹竹桃科海杧果属，为常绿小乔木，具乳汁，叶螺旋状互生，倒卵状长圆形，厚纸质，无毛。聚伞花序顶生，总花梗长5~21厘米，花梗长1~2厘米，花白色，直径约5厘米，芳香，花萼黄绿色，向下翻卷，花冠高脚碟状，裂片5，喉部膨大，红色，雄蕊着生在花冠筒喉部，花丝短，黄色，核果近圆形。

攀缘灌木——苦郎树

我国唇形科植物家族中也有两种植物时常生长在红树林，也能在陆地非盐渍土地生长，被列入半红树林植物。

一种是苦郎树属的苦郎树（*Volkameria inermis*），在我国东南沿海一带有野生分布，常生长在海岸沙滩和潮汐能到达的地方。早期的分类系统将它放在马鞭草科大青属，学名为 *Clerodendrum inerme*，后来独立为苦郎树属。利用物种间 DNA 的差异构建的发育树能更好地展示不同科属间的系统关系，进一步研究发现以前马鞭草科的许多成员与唇形科关系更近，而移到了唇形科之下，大青属、苦郎树属都已归属于唇形科。

苦郎树，别名海常山、假茉莉、苦蓝盘等，海南人更愿意称之为许树，但尚不知从何得名。其属名 "*Volkameria*" 是为了纪念一位姓氏为沃尔卡默（Volkamer）的德国植物学家，但原始文献并没有给出完整的词源。其种加词来自拉丁文 "inermis"（无刺的），即指其叶片全缘无刺。其根、茎、叶有苦味，故此得名。

苦郎树为攀缘状灌木，幼枝四棱形，黄灰色，茎枝上具星星点点的灰白色皮孔。叶片对生，卵形，先端钝尖，基部楔形，全缘，叶形颇有红树林植物的"气质"，叶片两面具有细小黄色腺点，

● 苦郎树

叶背可见到明显的泌盐现象。如果仔细观察，还可见到其叶脉在靠近叶缘处向上弯曲而相互汇合。

根据记载，苦郎树的花果期较长，每年的3~12月都可见其花或果。其聚伞花序有花3朵，芳香。白色的小花显得十分清新脱俗，花朵具有长长的花冠筒，花冠顶端5裂，形态像茉莉，故又称为假茉莉。雄蕊长伸出，4根紫红色的花丝连同花柱从白色花冠中长长地伸出来，十分别致。花萼钟状，顶端微5裂，但在果期宿存且几乎为平截状态，果实为核果，略有纵沟。

苦郎树生长在华东和华南的滨海岸沙滩和潮汐能到达的地方，在海南儋州新盈红树林湿地公园有见栽培，为我国南部沿海防沙造林树种。木材可作火柴杆。根可入药，有清热解毒、散瘀除湿、舒筋活络的功效，在医药和农药领域有多种用途。《中国药用植物志》中记载苦郎树可用于治疗疟疾。作为泰国的传统药物，新鲜苦郎树叶片被用于治疗皮肤病。

另一种是唇形科豆腐柴属的伞序臭黄荆（*Premna serratifolia*），属名来自希腊语"premnon"（树干），是指其树干矮小。《海南植物志》曾将它列在马鞭草科，称之为钝叶臭黄荆（*P. obtusifolia*），现已被修订。

豆腐柴属是个大家族，全世界有约200种，我国有近50种，但仅有伞序臭黄荆为半红树植物。该种为灌木或小乔木，小枝淡黄色皮孔，叶片长圆状卵形，纸质，顶端钝尖，叶边全缘，少波状，聚伞花序生枝顶，花萼杯状，花冠黄绿色，核果球形。在东半球热带亚热带海岸分布广泛，海南有野生分布。

伞序臭黄荆

植物档案

苦郎树，学名 *Volkameria inermis*，隶属于唇形科苦郎树属，为直立或攀缘灌木，高达2米，幼枝四棱形，叶对生，卵形，先端钝尖，基部楔形，边全缘，叶柄长1厘米，聚伞花序，芳香，花萼钟状，果期宿存，花冠白色，5裂，冠筒长2~3厘米，雄蕊4枚，花丝紫红色，细长，与花柱同时伸出花冠，核果倒卵形，外果皮黄灰色，内有4分核。

珍稀半红树——莲叶桐

　　莲叶桐（*Hernandia nymphaeifolia*）隶属于莲叶桐科莲叶桐属，是一种十分珍稀的半红树植物，为国家二级重点保护野生植物。

　　莲叶桐属全世界有约26种，我国仅记录莲叶桐1种，早期《中国植物志》曾用名 *Hernandia sonora*，现已订正。

　　莲叶桐属名"Hernandia"是为纪念西班牙医生、博物学家埃尔南德斯（F.Hernandez，1514—1587年）而命名，他1570–1577年到墨西哥进行科学考察，用拉丁文撰成多卷著作，此名后由林奈1753年正式发表。

　　莲叶桐为常绿乔木，树皮光滑，叶片盾状着生，叶边全缘，具有长长的叶柄，似莲叶，其叶片心状圆形，先端急尖，基部圆形至心形，纸质，因形似血桐叶而得名。莲叶桐每年7~9月开花，花较小，组成聚伞花序，每个花序基部具4枚绿色苞片。花单性同株，雌花和雄花的形态明显有别：雄花位于花序两侧，具短小花梗，6枚花被片分2轮交错排列，雌花位于花序中央，无小花梗，花被片为8枚。

　　莲叶桐为海漂植物，果实为核果，包藏于膨大的肉质杯状总苞内，总苞先呈黄绿色后变浅红色，顶部具圆孔，如同一盏盏小灯笼悬挂于枝头，因此莲叶桐的英文名为lantern tree（灯笼树）。果实成熟时黑色，直径3~4厘米，外面具肋状凸起，里面含1枚球形种子。更为重要的是，果实与杯状总苞之间有空隙，落入大海后，能浮在水面上随海水漂向远方，一旦着陆便会生根发芽，长成美丽的植株。第一眼看到莲叶桐的果实，我便想起了裸子植物白豆杉（*Pseudotaxus chienii*）的种子，其种子外面被肉质杯状白色假种皮，尽管两者本质完全不同，且莲叶桐的果实要比白豆杉种子大2~3倍，但两者形状较为相似，都很奇特，令人过目不忘。

● 莲叶桐

● 莲叶桐

莲叶桐的花果、叶片和整株形态奇特，有较高的观赏价值，是优良园林绿化树种。莲叶桐含有木脂素和生物碱等多种药物化学成分，具有很高的开发潜力。而且，莲叶桐具有较强的抗风性，可作为热带地区沿海防护林带恢复与建设的重要树种。

莲叶桐主要分布在马达加斯加到小笠原群岛和新喀里多尼亚等地周边海岸，少量分布在我国台湾和海南，常生长在热带和亚热带砂质海岸疏林中。据海南林业科学研究院科研人员的调查，目前，海南的莲叶桐主要分布在琼海、文昌和三亚，约有1336株，其中成年植株仅144株，最大树高为22米。莲叶桐在海南多分布于沿海防护林中，以椰林为主，生于沙壤土上，潮水难以到达之地。

根据世界自然保护联盟（IUCN）标准，莲叶桐的濒危等级为无危，但由于我国的野生种群在人为干扰、地理隔离、种间竞争等多种因素的影响下，导致数量急剧下降，且存在"只见幼苗，不见幼树"现象，只有少量的幼龄个体能进入成年阶段，野生莲叶桐种群增长极其缓慢，已被列入我国二级重点保护植物。

植物档案

莲叶桐，学名 *Hernandia nymphaeifolia*，隶属于莲叶桐科莲叶桐属，为常绿乔木，单叶互生，叶片心状圆形，盾状，纸质，全缘；聚伞花序腋生，花单性同株，两侧为雄花，花被片6，雄蕊3，每个花丝基部具2个黄色腺体，中间为雌花，花被片8，基部具杯状总苞，子房下位，果为1膨大总苞所包被，肉质，直径3~4厘米，种子1粒，球形。

蝶花乌果——水黄皮

水黄皮（*Pongamia pinnata*）也是一种半红树植物，隶属于豆科水黄皮属，别名为野豆、水流豆等。

不知大家是否熟悉黄皮（*Clausena lansium*）这种南方的夏季水果，常常连带果梗扎成一大束售卖，果实圆圆的，黄黄的，味道酸酸的，还可做成蜜饯。虽然两者都为乔木，都为奇数羽状复叶，但水黄皮跟黄皮为不同的物种。两者亲缘关系较远，果实类型完全不同，黄皮来自芸香科，而水黄皮来自豆科。水黄皮因生长在水边，故得名水黄皮。

水黄皮属的属名来自马来语"pongam"（指一种树），该属仅水黄皮1种，分布于东半球热带地区。水黄皮的学名种加词来自拉丁文"pinnatus"（羽状的），意指其叶片为羽状复叶。

作为豆科植物，水黄皮具有一系列豆科植物的典型特征，比如叶片为奇数羽状复叶；蝶形花冠，有旗瓣、翼瓣和龙骨瓣之分；荚果扁平，如同刀豆，因此又被称为水刀豆。但水黄皮也有自己的个性，为常绿乔木，奇数羽状复叶具小叶2~3对，小叶片较阔大。夏秋开花和结果。开花期间，串串总状花序，或

● 水黄皮

水黄皮

● 水黄皮果实

白色或粉红色，常有 2 朵花簇生于花序总轴的节上，花冠伸出花萼外，花冠各瓣均具柄，雄蕊 10，呈现二体状，其中 9 枚合生成雄蕊管，1 枚离生。荚果扁平，并不开裂，顶端有微弯曲的短喙，远看像一只只藏在枝叶间的小鸟，故又被称为鸟树。

水黄皮在我国主要分布在东南部沿海地区，生于溪边、塘边及海边潮汐能到达的地方。印度、斯里兰卡、马来西亚、澳大利亚、波利尼西亚也有分布。

水黄皮在沿海地区可作堤岸护林和行道树，其木材纹理致密美丽，可制作各种器具。种子油可作燃料；全株入药，可作催吐剂和杀虫剂。

植物档案

水黄皮，学名 *Pongamia pinnata*，隶属于豆科水黄皮属，为常绿乔木，高 8~15 厘米，奇数羽状复叶，小叶 2~3 对生，近革质，阔椭圆形，先端钝尖；总状花序腋生，长 15~20 厘米，花冠伸出花萼外，白色或粉红色，蝶形花冠，雄蕊 10 枚，其中 9 枚合生成雄蕊管，1 枚离生；荚果长椭圆形，扁平，长 4~5 厘米，宽 1.5~2.5 厘米，顶端有微弯曲的短喙，不开裂，有种子 1 粒，肾形。

月下美人——玉蕊

　　海南红树林中，常常混生着的一种乔木。夜深人静之时，在片片绿叶丛中悄悄绽放出烟花般的粉红色花朵，花香四溢，等待着传粉昆虫的到来。凌晨，花蕊凋谢，随风飘落，"零落成泥"。这种张扬又低调的植物就是今天故事的主角——素有"月下美人"之称的玉蕊（*Barringtonia racemosa*）。

　　玉蕊是一种玉蕊科的半红树植物，具有较强的耐盐性，多藏身于潮水浸没的热带滨海林中，较为少见。隶属于玉蕊科玉蕊属，其属名是为了纪念英国博物学家巴林顿（D. Barrington，1727—1800 年），种加词来自拉丁文"racemosus"（总状花序的），意指玉蕊的花序为总状花序。

　　玉蕊别名水茄苳、穗花棋盘脚，为常绿乔木，树皮开裂，小枝粗壮，有明显的叶痕。叶常丛生枝顶，有短柄，纸质，倒卵形，顶端短尖，基部钝形，边缘有圆齿状小锯齿。叶面上的网脉十分明显，在两面均凸起。

　　在热带地区，玉蕊几乎全年都可开花，无数朵花螺旋状稀疏排列在花序梗上，组成长长的总状花序，顶生于枝头，长而下垂，花蕾呈圆球状，成熟后便次第开花，如同烟花一样绽放，有些像豆科植物合欢的花。每朵花具 4 枚浅绿色的花瓣，最抢眼的是那些或粉白或粉红的数不尽的雄蕊。其雄蕊通常有 6 轮，最内轮为不育雄蕊，大部分为可育的雄蕊。花丝从花中长长地伸出来，花朵形态像女生化妆用的散粉刷，其英文名 powerpuff mangrove（粉扑红树）即有此意。每到盛花期，玉蕊的花序如同一支支长长的圆圆的试管刷，与桃金娘科垂枝红千层（*Callistemon viminalis*）的花序极为形似，但比之更稀疏和细长。

　　相较于玉蕊的花序，其果实低调了许多，甚至不太引人注意。果实如石榴般大小，卵圆形，微具 4 钝棱，外果皮稍肉质，中果皮多纤维或海绵质而兼有少量纤维，内果皮薄，里面具种子 1 颗，无胚乳。由于玉蕊果实成熟后质地轻，能随水漂浮完成种子的传播。

玉蕊主要分布在非洲、亚洲和大洋洲的热带、亚热带地区，我国台湾、广东和海南的滨海地或林中可见，喜生于土层深厚，且富含腐殖质的砂质土壤，具有较高的耐旱和耐涝能力。广东湛江曾发现成片分布的天然玉蕊林，有6700余株。据文献记载，树皮纤维可做绳索，木材供建筑；根可退热，果实可止咳。玉蕊已被列入《世界自然保护联盟红色名录》，保护级别为濒危（EN）。

玉蕊属全世界有约72种，分布于东半球热带和亚热带地区，我国有野生分布3种，除了玉蕊外，还有滨玉蕊（*B. asiatica*）和梭果玉蕊（*B. fusicarpa*）2种。滨玉蕊为玉蕊属的模式种，其花序直立，花较大，有长梗，果实外面有腺点，可明显区分，并且仅见于台湾。梭果玉蕊与玉蕊的花序都下垂，花较小，果实外面无腺点，而梭果玉蕊的叶片基部楔形，有些下延，无花梗，且果实梭形，外面无棱，仅见于我国云南。

玉蕊

植物档案

玉蕊，学名 *Barringtonia racemosa*，隶属于玉蕊科玉蕊属，为常绿乔木，高可达20米，叶常丛生枝顶，有短柄，纸质，倒卵形；总状花序顶生，长达70厘米，花疏生，花芽球形，花萼撕裂为2~4片，花瓣4，雄蕊多数，通常6轮，最内轮雄蕊不育，能育雄蕊花丝长3~4.5厘米；果实卵圆形，长5~7厘米，直径2~4.5厘米，微具4钝棱 种子1颗，无胚乳。

玉蕊

格杂树——阔苞菊

菊科作为被子植物中的第一大家族，无论是色彩丰富的观赏菊、路边粘人的鬼针草、清香四溢的菊花茶还是餐桌上美味的莴笋等，无时无刻不出现在我们日常生活中。菊科绝大多数种类为草本类型，而今天的主角——阔苞菊（*Pluchea indica*）为灌木，而且为半红树植物，堪称菊科家族中的另类。

在传统的被子植物分类系统，如恩格勒系统中，菊科植物根据头状花序和植物乳汁有无，可分为舌状花亚科和管状花亚科两大类。阔苞菊的头状花序全部为管状花，植物没有乳汁，属于管状花亚科。阔苞菊的属名是为了纪念法国植物学家普吕什（N.A. Pluche，1688—1761 年）而命名。

阔苞菊主要分布于亚洲热带和亚热带及澳大利亚北部。在我国主要分布于广东、海南（三亚、儋州）和台湾等沿海及岛屿，生于海滨沙地或近潮水的空旷地。

阔苞菊的茎直立，高 2~3 米，为分枝较多的灌木，枝、叶、花序梗和外层总苞被毛，海口人称之为格杂树。叶互生，近无柄，叶片倒卵形，边缘有较密的锯齿，以此区别于同属的长叶阔苞菊（*P. eupatorioides*）。几乎全年可见阔苞菊的花和果，头状

● 阔苞菊

花序生于茎枝顶端，呈伞房花序状排列，小花十分迷你，淡紫色，雌花多层，位于花序外面，花冠丝状，中央的两性花较少，花冠管状。瘦果小，圆柱形，有4棱，冠毛白色，宿存，约与花冠等长，两性花的冠毛常于下部联合成阔带状。

● 阔苞菊

阔苞菊俗名栾樨，幼嫩的茎叶是可口的野菜。鲜叶也可与米共磨烂，做成糍粑，称栾樨饼，可食用，有暖胃去积效能。其茎叶或根常用作中药，全年可采收，药材名栾樨，也有暖胃去积、祛风除湿、风湿骨痛等。

据文献记载，阔苞菊属全世界有约60种，全世界热带和亚热带广泛分布。我国有3种，其中海南有分布2种，即阔苞菊和光梗阔苞菊（*P. pteropoda*）。光梗阔苞菊也分布在海滨沙地、石缝或潮水能到达的地方，但其枝、叶、花序梗和总苞片均无毛，头状花序相对较大，为阔苞菊的2~3倍。

植物档案

　　阔苞菊，学名 *Pluchea indica*，隶属于菊科阔苞菊属，为灌木，茎直立，高2~3米，多分枝。枝、叶、花序梗和外层总苞被毛；叶互生，倒卵形，长5~7厘米，宽2.5~3厘米，基部渐狭成楔形，边缘有锯齿。头状花序顶生，伞房状，外层雌花多层，花冠丝状，中央两性花较少，花冠管状。瘦果圆柱形，有4棱，冠毛白色，宿存，约与花冠等长。

第六节
海滨伴生植物

"你站在桥上看风景，看风景的人在楼上看你。"在习习的海风中，听着海潮的声音，瞭望辽阔的碧海蓝天，是无数人心中期盼的梦想。然而，自然界就有这么一类植物，生于在柔软的沙滩上，每日眺望着辽阔的大海和蓝天白云，或静卧沙滩，沐浴灿烂阳光，或独树一帜，枝叶随风摇曳，与海天浑然一体。它们也成了人们眼中的一道靓丽风景线。

行走在海南热带滨海岸沙地，常常会看到很多特殊的植物种类，如海马齿、假海马齿、番杏等低矮草本植物，滨豇豆、海刀豆、厚藤、过江藤、单叶蔓荆等藤本植物，仙人掌、草海桐、小草海桐、蒴莲、露兜树等灌丛或小乔木植物，还有木麻黄、椰子、槟榔、假槟榔、大王椰等原生或栽培的直立高大乔木。这些来自不同家族的物种，共同构成了海南海岸周边独特的风景。

荒滨野豆——滨豇豆

豆科植物与我们日常生活息息相关，其含量丰富的蛋白质等成为我们身体营养的主要来源之一。餐桌上常常无"豆"不欢，但不是所有的"豆"都能直接食用，享用前不妨仔细认清楚它们。

豆科植物种类十分多样，全世界约有 650 属 1.8 万种，是被子植物中仅次于菊科和兰科的第三大科。其羽状或掌状 3 小叶、蝶形花冠和荚果成为识别豆科植物的最典型特征。海南的热带滨海岸，自然生长着多种豆科植物。

豇（jiāng）豆为人们所喜爱的餐食蔬菜。豇豆常见的有豇豆、短豇豆和豆角 3 个亚种，我国各地广为栽培。海南滨海岸沙地上常常可见一种野生的迷你小豇豆——滨豇豆（*Vigna marina*）。

滨豇豆与豇豆一起都属于豇豆属，其属名是为了纪念 17 世纪意大利植物学教授维尼亚（Dominico Vigna，1577—1647 年）。滨豇豆学名的种加词来自拉丁文"marinus"（海中生的），意指其生长在海岸边。

滨豇豆在热带地区广布，为多年生匍匐草本，长可达数米，地表覆盖能力强，为构建海滨绿地、防风固沙的优良物种。其托叶基部着生，卵形，羽状复叶具 3 片小叶，开花时，滨豇豆为总状花序，花鲜黄色，花萼二唇形，蝶形花冠，二体雄蕊，荚果圆棒状，形如小拇指，二瓣裂，含种子 2~6 粒，成熟后种子间稍缢缩，堪称迷你版的短豇豆。据记载，其种子也可作粮食和蔬菜等。有意思的是，近几年网上的一款生存游戏《荒岛求生》中，用滨豇豆的果实和椰子水壶能制作万能的解毒剂，但作者始终未能查找到该设计灵感的科学证据。

刀豆是海南滨海岸较为常见的另一类豆科植物。刀豆属的属名"*Canavalia*"来源于印度西南马拉巴地方方言"kanavali"（刀豆）。该属种类丰富，全世界有记录62种，主要分布于热带和亚热带地区。我国有原生种3种，引种栽培2种。其中，海南野生的有海刀豆（*Canavalia rosea*）、小刀豆（*C. cathartica*）和狭刀豆（*C. lineata*）。在《海南植物志》中，海刀豆的学名采用的是 *C. maritima*，种加词意为"海边生的"，故此得名。后来，海刀豆的学名变更为 *C. rosea*，种加词意为"玫红色的"，是指海刀豆花瓣的颜色。

与常见的栽培种刀豆相比，海刀豆为粗壮草质藤本，羽状复叶也具3小叶，小叶片先端圆钝，总状花序腋生，花玫红色或紫红色，十分漂亮。荚果线状长圆形，长8~12厘米，宽2~2.5厘米，厚约1厘米，状如刀豆，但比刀豆短而狭，两侧有纵棱，种子褐色，有微毒，幼嫩时呈现绿色，可煮食浸泡后食用，如操作不当引发人中毒，会头晕、呕吐，严重者甚至昏迷。因此，海刀豆被中国植物图谱数据库收入有毒植物名录。

● 滨豇豆

刀豆属中还有一种狭刀豆，俗名滨刀豆、肥猪豆，与海刀豆形态上极难区分，唯一区别是狭刀豆的花萼上唇裂齿顶端背面具小尖头，海刀豆无小尖头，两者分布区域和生境也十分相似，有学者提出该两种也许可以归并为一种。

小刀豆是另一种海南野生的刀豆属缠绕草本，与海刀豆较为相似，但小刀豆的叶片先端急尖，并不微凹，荚果长圆形，比海刀豆果实要短而宽一些，种子略长于海刀豆。

刀豆（ *C. gladiata* ）、直生刀豆（ *C. ensiformis* ）在海南有引种栽培。值得一提的是，直生刀豆为刀豆属的模式种，为刀豆属中少见的直立亚灌木状草本，且种子为白色，微毒，原产中美洲及西印度群岛。其嫩荚及未成熟的种子也可做蔬菜食用，与海刀豆一样，因含有毒的刀豆氨酸，需盐水煮熟去皮在清水中浸泡去毒后方可食用。

无论是海刀豆还是滨豇豆，都蔓生于海边沙滩上，排水良好但养分贫瘠，为典型的海岸植物，喜光不耐阴，具有较高的抗旱抗风和抗强光的能力，具有更强的光合能力，可以在干旱的环境下充分利用光合作用有效增加生物量，具有较强的耐盐和抗旱特性，其根与根瘤菌共生，能够固氮增加土壤肥力的同时改良盐碱环境。两者都具有较强的生存竞争能力，生性强健，藤蔓扩张能力强，叶片面积大，生长密度大，地表覆盖率高，根

● 海刀豆

● 狭刀豆

系生长快且深，具有很强的固沙能力，因此可作为一种构建海滨绿地、防风固沙的优良园林绿化植物。

此外，在海南儋州新盈红树林附近，我们还见到了人工栽培的另一种豆——酸豆（*Tamarindus indica*），又称酸角、罗望子，也属于豆科植物，假果长圆柱形，不开裂。属于酸豆属，该属仅此1种，原产非洲。

与海刀豆、滨豇豆截然不同的是，酸豆为高大乔木，叶为偶数羽状复叶，小叶10~20对，长圆形，花冠不为蝶形，荚果棕褐色，为肿胀圆柱状，外壳棕褐色，红棕色果肉味道酸甜，故海南人称之为酸梅，富含多种氨基酸和矿质元素，可生食或熟食，可做蜜饯和饮品，果汁加糖水是很好的清凉饮料。据记载，酸豆的叶、花、果实均含有一种酸性物质，与其他含有染料的花混合，可做染料。而且酸豆树木耐旱抗风寿命长，适合热带海滨地种植，是优良的庭院树种。

豆科植物在海南湿地分布种类十分丰富，还可常见到含羞草（*Mimosa pudica*）、榼藤（*Entada phaseoloides*）、刺果苏木（*Caesalpinia bonduc*）等植物。

● 滨豇豆

植物档案

滨豇豆，学名 *Vigna marina*，隶属于豆科豇豆属，为多年生匍匐草本，茎长可达数米，羽状复叶具3小叶，小叶卵圆形至倒卵形，先端圆钝，两面近无毛，小叶柄长2~6毫米；总状花序长2~4厘米，花萼绿色，5裂，二唇形，上唇2裂片合生，下唇3裂，花冠黄色，蝶形，旗瓣倒卵形，长1.2~1.3厘米，翼瓣及龙骨瓣长约1厘米，二体雄蕊；荚果线状长圆形，微弯，肿胀，长3.5~6厘米，种子2~6粒，长圆形。

紫色旋花——厚藤

在第一次听到厚藤这个名字，我的第一反应是"哦，一种豆科植物！"当见到它们的茎叶之后，有些好奇，"羊蹄甲也有藤本状的？"。直到见到了其盛开的花朵才发现，不同于大多数豆科植物的蝶形花冠，厚藤花竟然为一朵朵紫色的小喇叭状，极似牵牛花。花果形态是植物分类的主要依据，厚藤（*Ipomoea pes-caprae*）不属于豆科，而是旋花科。

顾名思义，"厚藤"可理解为叶片较厚的藤本。在《植物学名解释》中有记载，厚藤的属名 Ipomoea 是来自希腊语"ipsos"（常春藤）+"homoios"（相似的），是指这类植物的茎叶与常春藤相似，并且将该属译为"番薯属"，中英文版的《中国植物志》采用的也是"番薯属"名字，但国内网站植物智（www.iplant.cn）中采用的是"虎掌藤属"。然而，相较于后者，我自己更喜欢"番薯属"这个接地气的名字。

厚藤学名中的种加词"*pes-caprae*"在拉丁文中意为"山羊脚"，指其叶片如山羊脚。有趣的是，厚藤这种植物有很多别称，因花朵和果实的形态与牵牛（*Ipomoea nil*）极其相似，故又名海牵牛。广东人称之为马鞍藤或沙灯心，福建人称之为马蹄草或鲎（hòu）藤，海南人还称之为海署、走马风、马六藤、白花藤、沙藤等。如果你和不同的土著居民聊起这种植物，就会深刻体会林奈 1753 年提出的"双名法"是多么的伟大，每个物种被赋予唯一的拉丁学名，全世界不同地域不同肤色的人们对于自然的认知终于有了相通的语言。

尽管厚藤的俗名很多，但都不是空穴来风胡乱叫的，都有着一定的依据，或生境，或叶片形态，或花果颜色，或植物用途等。被赋予了这么多的名称，它们到底长什么样呢？一起来看看吧。

● 厚藤

厚藤为多年生的匍匐草本植物，全株光滑无毛，茎平卧，叶肉质，干后厚纸质，叶形有一定变化，多为卵形或长圆形，顶端微缺或2裂，边全缘，似羊蹄或马蹄，叶背近基部中脉两侧各有1枚腺体。多歧聚伞花序，腋生，有时仅1朵发育，花冠紫色或深红色，漏斗状，雄蕊和花柱内藏。蒴果球形，高1.1~1.7厘米，4瓣裂。种子三棱状圆形，密被褐色茸毛。

厚藤又名沙藤，多生长在热带沿海地区的沙滩上及路边向阳处。海南昌江棋子湾、陵水猴岛、文昌会文镇等多地的沙滩上可见其分布。植株可作海滩固沙或覆盖植物。茎、叶可做猪饲料，全草可入药。

植物档案

厚藤，学名 *Ipomoea pescaprae*，隶属于旋花科虎掌藤属（番薯属），为多年生草本，全株无毛，茎平卧，叶肉质，卵形，顶端微凹，多歧聚伞花序腋生，花序梗粗壮，花漏斗状，花萼顶端圆形，花冠紫红色，雄蕊和花柱内藏，蒴果球形，4瓣裂。

此外，在海南滨海岸沙质地上，还可见到吹着"白喇叭"的茉栾藤（*Camonea pilosa*）和"黄喇叭"的掌叶鱼黄草（*Merremia vitifolia*）等多种旋花科藤本植物。尽管身处干旱贫瘠的恶劣环境，它们依然不屈不挠，在不同时节奏响植物生命之乐。

● 厚藤

真假马齿——海马齿

海南的滨海沙地上，当你看到一种茎匍匐生长、形似马齿苋的多肉植物，是否想起了它的嫩茎叶令人难忘的酸酸味道。尽管菜市场上常常见到人工种植的马齿苋，但追求"野味"的你，是否也想"顺"一把带回去炒个菜？那么，还请辨别清楚，不同"马齿"不仅味道不同，甚至有的还有毒哦！

海南南部的沿海滩涂上，常常有一种名叫海马齿（ *Sesuvium portulacastrum* ）的多年生肉质草本，别名滨水菜、滨马齿苋、滨苋等，隶属于番杏科海马齿属。该属全世界有记录14种，广布热带和亚热带海岸，为盐生植物。我国仅野生分布海马齿一种，生于福建、广东、海南和台湾沿海地区近海岸的砂质黏土、砂岩、滩涂上。根据《植物学名解释》，海马齿的拉丁文属名"*Sesuvium*"来自法国高卢部族一地名瑟苏威尔姆（Sesuvium），尚不明白其中之意。种加词为拉丁文"portulac-astrum"，意为"像马齿苋的"。英文名为 shoreline purslane 或 sea purslane，故得名海马齿。

海马齿的茎十分光滑，常为红色，多分枝，节上生根。叶片厚，肉质，线状倒披针形，基部抱茎。花果期4~8月。花朵较小，为两性花，花被5深裂，里面粉紫色，雄蕊5枚，生花被筒顶部。蒴果卵形，长不超过花被，为宿存花被所包围，中部以下环裂。

海马齿茎叶肥厚多肉，能净化水质，可用于海岸绿色或盆栽观赏。它还是一种先锋植物，能耐受盐碱和有毒重金属，且能耐受干旱，采用茎切繁殖和种子繁殖等方法不断扩大种群数量。目前已用于盐碱地、废水的植物修复以及沿海地区的沙丘固定、海水淡化和海岸侵蚀保护。海马齿也可用作蔬菜、家畜饲料和观赏植物，比

如海马齿在菲律宾常被腌制做泡菜使用。但值得注意的是，也有文献记载此物有毒，故还是小心为好，切莫随意采挖和食用。

假海马齿（*Trianthema portulacastrum*）为番杏科假马齿属的植物，俗名沙漠似马齿苋，见于海南海口、三亚、文昌等地的滨海岸沙地。为一年生草本，叶片薄肉质，卵形，基部肿大成鞘状，花无梗，单生叶腋，花被淡粉红色，花被筒与叶柄基部贴生形成漏斗状囊，蒴果顶端平截，2裂。

马齿苋（*Portulaca oleracea*）是我们十分熟悉的植物，隶属于马齿苋科马齿苋属，该属全球有记录152种，我国仅4种野生分布。马齿苋分布最为广泛，在热带和温带广布，我国南北各地均有分布，喜生于肥沃土壤、耐旱耐涝，生命力十分顽强，为田间常见杂草。马齿苋为一年生植物，叶互生，有时近对生，肥厚扁平，倒卵形，似马齿状，花为黄色，萼片2枚，绿色，蒴果卵球形，盖裂。马齿苋不同地方有很多不同的俗称，如长命草、瓜子菜、五方草等，海南人称之为猪肥菜。

有意思的是，林奈1828年在对马齿苋进行植物分类命名时，其学名种加词"*oleracea*"来自拉丁文"oleraceus"（属于厨房的），意指马齿苋常被食用。其嫩茎叶可作蔬菜，生食或烹食皆可，如马齿苋炒鸡蛋、凉拌马齿苋、马齿苋饼以及马齿苋汤等，味道酸酸的，为很多人所喜爱。据研究，马齿苋茎叶体内含有丰富 ω-3 脂肪酸，能有效抑制人体对胆固醇的吸收，降低血液胆固醇浓度，改善血管壁弹性，对防治心血管疾病有利。马齿苋还是很好的饲料和药用植物。全草可药用，有清热利湿、解毒消肿、消炎、止渴、利尿作用。

此外，海南还有一种也与"马齿"相关的植物，与海马齿、马齿苋的形态和生境也十分相似，它就是假马齿苋（*Bacopa monnieri*），隶属于车前科的假马齿苋属，也是匍匐肉质草本，生长在热带水边、湿地及沙滩。

马齿苋

● 海马齿

● 假马齿苋

　　假马齿苋属广布热带和亚热带，全世界有记录59种，我国仅2种，即麦花草（*B. floribunda*）和假马齿苋，两者在海南都有野生分布，但海南湿地调查中未见到麦花草。假马齿苋的植株形态极似马齿苋，茎也匍匐生根。但不同的是，假马齿苋为多年生草本，叶对生（故又名小对叶草），无柄，矩圆状倒披针形，顶端极少有齿；花单生叶腋，花梗明显，萼片5枚，完全分离，花冠筒管状，二唇形，蓝色、紫色或白色，为二强雄蕊，蒴果长卵状，包在宿存的花萼内，室背4瓣开裂。假马齿苋也可药用，有消肿之效。

　　海马齿、假海马齿、马齿苋、假马齿苋四者均为茎匍匐的草本，叶形似马齿，果实均为蒴果。该如何区分呢？海马齿为多年生植物，叶对生，线状披针形，花为粉红色，蒴果中部以下环裂；假海马齿为一年生草本，叶对生，倒卵形，花粉红色，蒴果2裂；马齿苋为一年生植物，叶多互生，倒卵形，花黄色，蒴果盖裂；假马齿苋为多年生草本，叶片对生，矩圆状倒披针形，花呈蓝色、紫色或白色，蒴果室背开裂。

　　如果你行走在田间湿地或滨海沙地，不妨蹲下来好好观察一下，它们还有哪些不同的特征呢？

植物档案

　　海马齿，学名 *Sesuvium portulacastrum*，隶属于番杏科海马齿属，为多年生肉质草本，茎平卧，多分枝，节上生根，叶对生，肉质，线状披针形，先端钝，花单生叶腋，花被裂片5，外面绿色，内面紫红色，蒴果卵球形。

花如折扇——草海桐

草海桐隶属于草海桐科，是一类仅见于热带亚热带滨海岸的植物，"钟情于"海岸边开阔砂地或海岸峭壁生境，迎着大海生长，在我国南部沿海一带特殊生境常常可见到它们聚生成片，形成优势种群，叶片含有盐腺，能分泌盐分。因此，有人将它列入半红树植物。

草海桐属全世界有约 115 种，我国仅记录 2 种，即草海桐（*Scaevola taccada*）和小草海桐（*S. hainanensis*），两者在海南都有野生分布。其属名来自拉丁文"scaevus"（左的），指其花冠偏斜，且一侧深裂达基部。

● 草海桐

草海桐在海南滨海岸十分常见，茎丛生，光滑无毛。《中国植物志》中记载，草海桐的枝条中空，但我们仔细观察，发现草海桐的茎并非中空，而是布满白色海绵状的髓。叶片脱落后会在茎上留下环状痕迹。叶螺旋状排列，倒卵形，基部楔形，大部分集中于分枝顶端，颇像海桐花而得名。草海桐并不为典型的草本，而是多年生常绿亚灌木，高可达数米，又被称为羊角树、水草仔。研究表明，草海桐平滑的茎干和油亮叶片所披覆的厚厚蜡质层，是它们耐干旱耐贫瘠的有效武器。

● 草海桐

● 小草海桐

据记载，草海桐的花果期为 4~12 月，大部分时间可见到草海桐的花和果。它的花朵较小，呈聚伞花序，藏在叶腋。花被基部筒状，花萼顶端条裂，较为特殊的是其半圆形的花冠形态，花冠裂片 5 枚，黄白色，排列如打开的小折扇，如同半边莲的花朵。花冠与花蕊相对着生，有利于传粉昆虫落脚和协助完成异花授粉。小白花一旦完成授粉，就开始变成黄色，并开始悄悄孕育果实。草海桐的果实为核果，卵球形，直径约 1 厘米，未成熟时为绿色，成熟后为象牙白色，光滑无毛。有文献记载，其果实成熟时可食。

草海桐扎根于海滨，对于保护滨海沙滩和峭壁，改善岛屿生态环境起到了很好的作用，且由于常年翠绿，常被用作海岸防风林、行道树和庭院美化植物。

小草海桐的模式标本采自海南，故又名海南草海桐，在其学名种加词"*hainanensis*"中已有体现。小草海桐为蔓性小灌木，花朵形态与草海桐相似，生于海边盐田或与红树同生，海南儋州有记录，但较为少见。与草海桐相比，小草海桐除了植株整体较小外，叶片线状匙形，大小仅为草海桐叶片的十分之一，而且其花单生叶腋，可以明显区别开来。另外，小草海桐虽又名海南草海桐，但并不是海南特有种，在越南沿海以及我国广东、福建和台湾也有记载。

植物档案

草海桐，学名 *Scaevola taccada*，隶属于草海桐科草海桐属，为灌木或小乔木，叶螺旋状排列，匙形至倒卵形，基部楔形，叶腋密生一簇白色须毛；聚伞花序腋生，花梗与花之间有关节，花冠筒细长，后方开裂至基部，密被白色长毛，裂片 5，白色或淡黄色，中部厚，边缘有宽而膜质的翅。核果白色，有两条纵沟槽。

海滨假菠萝——露兜树

"哇，菠萝是长在树上的？"不少北方来的游客见到露兜树的果实，常常会发出这样的惊叹。的确，乍一看外形，露兜树圆球形果实的确有些像菠萝，只是露兜树的果实为木质，不能食用，被称为假菠萝、山菠萝等。

● 露兜树

露兜树是海南较为常见的一类四季常绿灌木或小乔木，分布于东半球热带亚热带和太平洋岛屿，叶在茎上部常呈螺旋状上升并聚生枝顶，故被称为 screw pine（旋叶松），在民间常有时来运转之意。露兜树隶属于露兜树科露兜树属（*Pandanus*），该属全世界约有 600 种，我国有野生分布 5 种。其属名来自马来语"pandang"，意为"显著的"。

露兜树（*Pandanus tectorius*）本种在海南滨海岸分布最为广泛。其茎干常左右扭曲，呈大片生长，高可达 4~5 米，主干基部有粗大且直立的支柱根，远望酷似章鱼的脚，因此民间称之为章鱼树。叶簇生枝顶，三行紧密螺旋状排列，叶片狭长带形，长达 1 米，宽可达 5 厘米，边缘及背面中脉具粗壮锐刺，稍不留意便会挂住人们的头发和衣物，甚至刺伤皮肤，堪称灌丛探路者的噩梦。

● 露兜树的聚花果

● 露兜树的雄花序

《中国植物志》有记载，露兜树的花期为1~5月，然而实际上在海南沿海一带，其花果期时间更长。露兜树的花为单性异株，芳香，雄花序由很多穗状花序组成，每一穗状花序长约5厘米；雌花序单生于枝顶，圆球形，佛焰苞多枚，乳白色，边缘具细锯齿，心皮5~12枚合为一束，顶部分离，形成的聚花果头状，向下悬垂，由数十个木质、有棱角的核果束组成，圆球形，撕开核果束（瞬间又有了手撕菠萝的感觉），可见其倒圆锥形，高约5厘米，直径约3厘米，宿存柱头在顶端稍凸起。果实成熟缓慢，会由绿转黄，与菠萝相似。核果很轻，可以浮在水面上，与种子借助水散播紧密相关。

值得一提的是，文玩市场上有一种菩提佛珠手串，其菩提子状如莲花，莲花为佛教文化中的标志符号，具有典型的象征意义。这类菩提子色泽红润如鲜血，因此被称为滴血莲花菩提。如果经常被盘玩，其色泽会更加鲜亮，再加上其来源神秘，因此，滴血莲花菩提迅速走红文玩市场，并且被商家不断炒作而价格疯狂上升。后来，有人扒出这些市场上的滴血莲花菩提实际上是来自露兜树的果实，其木质的核果束横切后状如莲花，然后经专业工具精细打磨加工而成。

露兜树不仅在我国海南湿地生境恣意生长，常形成优势类群，还可见于我国东南沿海一带。多生于海边沙地，喜光、喜高温多湿气候，适合于海岸沙地种植，为很好的滩涂、海岸绿化树种。其叶片含有丰富的纤维，海南人常用来编制草席、帽等生活用品和工艺品。据记载，露兜树根与果实可入药，有治疗感冒发热、肾炎、水肿、腰腿痛、疝气痛等功效；鲜花可提取芳香油；嫩芽可食。

露兜树下还有一个变种——林投（*P. tectorius* var. *sinensis*），名字较为特殊，最早记录于《台湾植物志》，其叶片比原种窄，先端具长尾鞭，果实较小，分布地点和生境与露兜树原种相近，但海南未见到。我国野生的露兜树中，露兜草（*P. austrosinensis*）、小露兜（*P. fibrosus*）、勒古子（*P. kaida*）等在海南也有记载，其中露兜草为我国特有种，见于广东、广西和海南尖峰岭，为典型的常绿草本，叶片长可达5米。而香露兜（*P. amaryllifolius*）在海南兴隆有引种，扇叶露兜树（*P. utilis*）别名红刺露兜，在我国华南地区以及北方植物园温室也有引种。

露兜树科在我国还有一类藤本植物——藤露兜树属（*Freycinetia*），有山露兜（*F. formosana*）和菲岛山林投（*F. williamsii*）2种，均只见于台湾滨海岸。

植物档案

露兜树，学名 *Pandanus tectorius*，隶属于露兜树科露兜树属，为常绿灌木或小乔木，叶簇生枝顶，三行紧密螺旋状排列，叶片条形，叶缘和背面中脉具粗壮锐刺，雄花序穗状，花序长5厘米，雄花芳香；雌花序头状，单生枝顶，佛焰苞多枚，乳白色，边具细锯齿，聚花果大而悬垂，圆球形，直径约15厘米，核果束倒圆锥形，直径约3厘米。

海韵风情——椰树

提起海南岛，很多人眼前立即浮现的是浩瀚碧海、蓝天白云、柔软沙滩，还有那些笔直挺立在海岸边如列兵守卫着海岛的高大椰树，风光旖旎。海岛沿岸的椰风海韵为极具热带特色的风景线。漫步于海滩，海风佛面，椰影摇曳，啜一口清凉的椰汁，成为无数人向往的浪漫天堂。

椰子（*Cocos nucifera*）是椰子属的唯一物种，广布热带沿海地区，也是海南的省树，海南岛因此而拥有了椰岛的美誉。椰子又名椰树、椰子树，茎干直立不分枝，叶片脱落后会在茎上留下明显的环状叶痕。叶片长达数米，簇生在茎干的顶端。花序生于叶腋丛中，呈圆锥花序状，具有2枚厚木质的佛焰苞。椰子的花为单性，雌雄同株，花序分枝上部为雄花，下部为雌花。文献记载，椰子的花果期主要在秋季，但海南几乎全年可见其花果，每株可同时挂果多达十余个，果实产量较高。

椰子为典型的海漂植物，能够通过海水漂流进行传播。其果实具有一系列随水漂浮的特征，如果实近球形，顶端微具3棱，外果皮薄，中果皮厚纤维质，内果皮木质坚硬。果实长期漂浮于海水中，且不受海水长时间浸泡的影响，一旦抵达陆地，便能在适宜的环境下萌发生长。

椰子在我国主要见于南部沿海岛屿及热带地区。椰子全身都是宝，具有极高的经济价值，被广为利用。椰子树形优美，是热带地区绿化美化环境的优良树种；根可入药；树干可作建筑材料；叶子可盖屋顶或编织。椰子果腔含有白色的胚乳、胚和汁液，也就是我们最常食用的椰汁和椰蓉。椰子水是一种可口的清凉饮料，除饮用外，因含有生长物质，是组织培养的良好促进剂。成熟的椰肉含脂肪达70%，可榨油，还可加工各种糖果、糕点；椰壳可制成各种器皿和工艺品，也可制活性炭；椰纤维可制毛刷、地毯、缆绳等。

如果把雄伟挺拔的椰子树称为"男人树"，那么"女人树"就非修长挺立的槟榔莫属了。槟榔（*Areca catechu*）也为海南常见树种，茎干比椰子树较细，直立，有

● 椰子

● 椰子树

明显的环状叶痕，叶簇生茎顶，花果生叶腋，雌雄同株，果实较小，长仅 3~5 厘米。

槟榔属在我国仅此一种原生分布。由于特殊的经济价值，在海南各地成片种植。槟榔的果实为重要的中药材，被纳入《中国药典》。我国部分地区人们将槟榔的果实直接切开，与贝壳灰及蒌叶一起咀嚼，或加工成槟榔干后咀嚼，有杀菌、提神醒脑等作用，成为部分人群的咀嚼嗜好品。这便有了"高高的树上结槟榔，谁先爬上谁先尝"这一歌词。嚼槟榔容易上瘾，引发牙齿变黑和牙龈萎缩。近些年有报道槟榔致癌，槟榔于 2020 年被剔出了《食品生产许可分类目录》。

具有椰风海韵的滨海岸，以棕榈科植物为主要特色，除了椰子和前面所述海南红树林特有的水椰外，还有大王椰（*Roystonea regia*）等多种常见热带海岸栽培植物。

植物档案

椰子，学名 *Cocos nucifera*，隶属于棕榈科椰子属，为高大乔木，茎干直立不分枝，有明显的环状叶痕；叶簇生茎顶，羽状全裂，顶端渐尖，线状披针形，叶柄粗壮，长达 1 米以上；花序腋生，圆锥花序状，佛焰苞 2 枚，长而厚木质；花单性，雌雄同株，雄花小，雌花大，花萼、花瓣各 3 枚，覆瓦状排列；果实近球形，顶端微具 3 棱，外果皮薄，中果皮厚纤维质，内果皮木质坚硬，果腔含有白色的胚乳、胚和汁液。

第七节
外来入侵植物

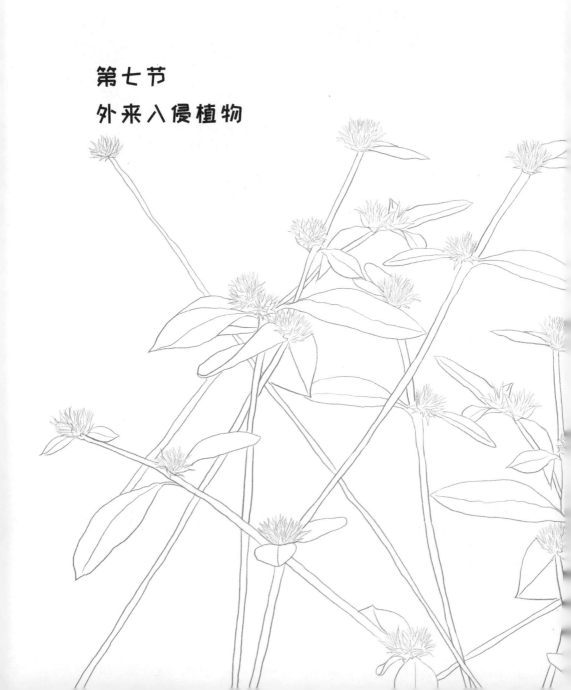

外来入侵植物是指通过有意或无意的人类活动，被引入自然分布区外，在自然分布区外的自然、半自然生态系统或生境中建立种群，并对引入地的生物多样性造成威胁的植物物种。

用通俗的语言来说，就是有些在原产地"规规矩矩"的物种，一旦被人为有意或无意引入异地，遇到条件适宜的地方就有可能"一发不可收拾"，影响了当地物种的生存，成为人人喊打的"外敌"物种。比如有着"霸王花"之称的加拿大一枝黄花原产美国、加拿大和墨西哥，花色亮丽，1935年作为观赏植物引入中国，但其繁殖力极强，且影响周边本土植物的生存，逐渐成为恶性杂草，对本土的生物多样性造成严重威胁，人们不得不想尽办法清除。

自1992年巴西里约热内卢联合国环境与发展大会召开以来，生物多样性保护和生态安全保障已受到当今国际社会的广泛关注，其中热点之一就是外来物种入侵的问题。2023年1月1日起实施的《重点管理外来入侵物种名录》中，外来入侵植物有33种，大部分见于海南。

海南湿地的外来入侵植物种类十分丰富。据资料统计，仅海南海口羊山湿地保护区的外来入侵种就有12科25属26种，除皱子白花菜以外，其余25种外来入侵种基本都来源于美洲。凤眼莲、南美蟛蜞菊、微甘菊、马缨丹、飞机草和银合欢等

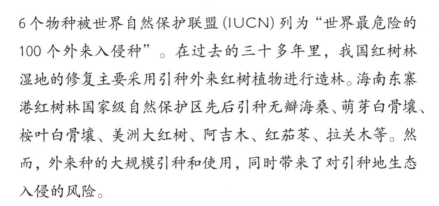

6个物种被世界自然保护联盟(IUCN)列为"世界最危险的100个外来入侵种"。在过去的三十多年里，我国红树林湿地的修复主要采用引种外来红树植物进行造林。海南东寨港红树林国家级自然保护区先后引种无瓣海桑、萌芽白骨壤、桉叶白骨壤、美洲大红树、阿吉木、红茄苳、拉关木等。然而，外来种的大规模引种和使用，同时带来了对引种地生态入侵的风险。

海南湿地外来植物具有一定的共性，大多来自美洲热带，因为具有观赏、食用、饲料、药用等经济价值而引入我国，遇到气候条件适宜的生境而生长旺盛，适应能力强，能够快速地进行无性繁殖而抢夺原生物种的生存空间。入侵新生境的外来物种群体遗传多样性通常很低，但能够迅速适应新生境。这种很低的遗传多样性和很强的适应能力之间存在巨大的反差，被称为"生物入侵的遗传悖论"。值得注意的是，不是所有的外来植物都成为入侵植物，如唇形科的吊球草原产热带美洲，在海南湿地的开阔荒地上可以见到，能与本土物种和谐相处。

本篇主要列举了海南湿地中较为常见的几种外来入侵植物，如凤眼莲、大薸、空心莲子草、南美蟛蜞菊以及无瓣海桑等外来植物。

爱恨交加——凤眼莲

凤眼莲（*Eichhornia crassipes*）是广布于我国长江流域最典型的外来入侵种。属名是为了纪念德国植物学家艾克霍恩（J. A. F. Eichhorn，1779—1856年）而命名。因其叶柄膨大似葫芦，植株漂浮在水面上，故又名"水葫芦"。原产南美，我国作为猪饲料引入后，繁殖极快，极为高产，而且花十分美丽，可做观赏植物，在我国长江流域以南逐渐成了外来入侵植物。

凤眼莲的地方俗名较多，除了水葫芦外，还有凤眼蓝、水浮莲、洋雨久花、洋水仙等。浮水草本或根生于泥中，高30~50厘米；茎极短，具长匍匐枝，和母株分离后，生出新植株。叶在基部丛生，莲座状排列，顶端圆钝，叶边全缘，无毛，光亮，具弧状脉；叶柄中部膨胀成囊状或纺锤形，内有气室，有助于植株漂浮在水面上。叶柄基部有鞘状苞片，花葶苞片腋内伸出，多棱角；花被紫蓝色，花冠略两侧对称，上方1枚裂片较大，有蓝紫色斑，斑中有黄眼点，似孔雀毛，故名"凤眼莲"。雄蕊6枚，贴生于花被筒上；蒴果卵形。花果期7~11月。

明代时作为观赏植物传入我国，距今已有600多年的历史。清代高士陈淏子所著的《花境》中记述："雨久花苗生水中，叶似慈姑。夏月开花，似牵牛，而色深

● 凤眼莲

蓝，亦水藻中之不可少者。"这里的"雨久花"实际上是指凤眼莲。20 世纪五六十年代，凤眼莲作为猪饲料在我国推广后很快扩散开。

凤眼莲花大，色泽靓丽，花排成穗状花序，挺立于叶片之上，在亮绿色叶片衬托下十分美丽，常用作人工水面环境美化。全株都可作家畜、家禽的饲料，还可沤制绿肥；其嫩叶及叶柄可作蔬菜。全株也可供药用，有清热解暑、利尿消肿等功效。此外，凤眼莲还是监测环境污染的良好植物。它可监测水中是否有砷存在，还可净化水中汞、镉、铅等有害物质，也常用于水体重金属污染治理，一度受到人们的欢迎。

然而，让人没有想到的是，凤眼莲繁殖能力很强，尤其在我国长江以南热带和亚热带地区水温、气温适宜、冬季没有霜冻的地方，能迅速无性繁殖铺满水面，挡住阳光，破坏水下生物的食物链，导致水体内其他生物的死亡。凤眼莲还随着水流向下游扩散，甚至堵塞河道，严重影响水面交通，已被列入世界知名的外来入侵种。

● 凤眼莲

植物档案

凤眼莲，学名 *Eichhornia crassipes*，隶属于雨久花科凤眼莲属，原产巴西，为浮水草本，茎极短，具长葡萄枝，叶基部丛生，圆形或宽卵形，全缘，叶柄中部膨大成囊状；穗状花序，花被漏斗状，中下部联合成花被筒，裂片 6 枚，花瓣状，蓝紫色，雄蕊 6 枚，3 长 3 短；蒴果，包藏于凋存的花被筒内，室背开裂，种子多数，有棱。

绿色莲花——大薸

海南的湖泊、池塘甚至江河中，常常可见大片的绿色漂浮物。走近了看，只见无数朵"绿色莲花"静静漂浮在宁静的水面上，叶片肥肥的，表面毛茸茸的，柔软而富有弹性，极其清新可爱。殊不知，这种软萌的背后，竟然暗藏着无限潜力，生存和繁衍能力极强。

这是一种俗称水白菜的水生植物，植株形状酷似大白菜，但并不是白菜家族的成员，而是属于天南星科大薸属的唯一物种——大薸（piáo），其植物学名为 *Pistia stratiotes*，英文名为 water lettuce，属名来自希腊语"pistos"（液体的），指本属植物生活在水中，拉丁文种加词"*stratiotes*"是指"一种叶片似刀的水生植物"。

大薸属全世界仅大薸 1 个种，为多年生浮水草本。具横走根状茎和悬垂的须根，茎上节间极度短缩，茎长不足 1 厘米。十余枚叶螺旋状簇生一起，呈莲座状，淡绿色，像一朵朵盛开的莲花浮在水面上，故又有水浮莲、水芙蓉、水莲花水荷莲、水浮萍等别称。

大薸的叶片呈扇形，两面密被短柔毛，表面具蜡质层，疏水性强，具有显著的"荷叶效应"和自清洁能力。叶面有许多纵向隆起的叶脉，使得叶片如同瓦楞状，形成疏水的通道。掰断其叶片可以见到里面具有像海绵一样的疏松多孔结构，充满了空气。这便是大薸能漂浮在水面上的主要原因，无论被拉入多深的水底，它都能马上浮出水面。大薸的须根系十分发达，可长达数十厘米，具有极强的亲水性，即使历经风浪也能在翻滚中最终保持根向下、叶片向上的生长姿态，被称为"水中的不倒翁"。

每年的 5~6 月，在大薸叶片与叶片之间的空隙处，藏着白色的小花，不仔细观察根本发现不了它们。与其他天南星科植物一样，大薸的花序为肉穗花序，但极为迷你且十分有趣。大薸的花序柄极短，佛焰苞极小，长约 1 厘米，叶状，白色，内面

● 大薸

光滑，外面长满白色的茸毛。肉穗花序藏在佛焰苞中，如同一根肉乎乎的迷你"柱子"，雄花长在上半部分，而下半截则被雌花占据着，所有花朵无花被。

大薸的茎叶可做猪饲料，营养价值高，含粗纤维少，适口性好，且产量高，切碎后混合糠麸喂猪；全株还可药用，外敷治无名肿毒，煮水可消跌打肿痛等。也是很好的绿肥植物，还可净化污水。

然而，大薸并不是我国的"原著民"，而是来自南美巴西。为明朝末期引入我国，后作为猪饲料推广。喜高温高湿气候和生境，耐寒性较差，现已广泛分布于热带和亚热带，在我国台湾、福建、广东、广西、海南等地逸为野生种，生于静水池塘、沟渠、沼泽及无风浪的湖湾处，在高温多雨、水中富含腐殖质的环境生长更好，常用作观赏栽培。

大薸既可以种子繁殖，也可以营养繁殖。不过，大薸的花果很小，有性繁殖器官明显退化，种子繁殖需要的时间长而且效率低，因此，营养繁殖才是它的强项。成熟的大薸植株会从茎的基部一侧伸出一根根匍匐茎，匍匐茎的顶端会萌生出芽。用不了几天，芽便成长为新的植株。因为匍匐茎很脆且易断，断开连接"脐带"的小植株便这样离开母体，开始独立门户，逐渐长大，在新的地方再萌生新的匍匐茎和

● 大藻

芽。周而复始，大藻就这样迅速占满池塘。具研究估计，一颗健康的大藻植株，在没有外力干扰的情况下，一年可以"变出"数万植株。

由于其极强的繁殖能力，大藻在热带和亚热带水域混得"风生水起"。它们在水面上疯狂蔓延，挤占其他本土植物的生存空间，并影响水下动植物的生存，已被列入我国2022年公布的《重点管理外来入侵物种名录》。

为了防止大藻对农田、池塘、河流的危害，海南人们每年要花大量人工进行清理。堆积在一旁的大藻只要没有完全腐烂，就有可能顽强地生存下来。除了人工清理之外，还可以采取资源化利用、化学防治、生物防治等方法，也可选用对水生生物、水源安全的化学除草剂如硝磺草酮、灭草松等对大藻进行防治。在可控的范围内，引入其原产地天敌如大藻叶象等取食大藻，可很快减少大藻的数量。

植物档案

大藻，学名 *Pistia stratiotes*，隶属于天南星科大藻属，漂浮水生草本，须根多而悬垂，茎节间短，叶簇生成莲座状，淡绿色，两面被毛，叶脉扇状伸展，近平行，叶鞘托叶状，花序梗极短，佛焰苞极短，白色，外被茸毛，花单性同序，浆果小，卵圆形。

莲子草

水陆双栖——空心莲子草

莲子草属（*Alternanthera*）为苋科植物，属名是由拉丁文 "alterno"（交替）+ "anther"（花药）组成，是指该属某些种类的发育雄蕊与退化雄蕊互生。莲子草属中文名曾经被不同学者称为满天星属、虾钳菜属、锦绣苋属。但拉丁属名没有变化，否则众多的中文属名容易让人懵圈。

莲子草属全世界约200种，分布于美洲热带及暖温带，我国有记录6种，但只有莲子草（*A. sessilis*）1种为我国原生种，其余5种均为引进栽培。其中空心莲子草（*A. philoxeroides*）原产南美巴西，引入我国后，因环境条件十分适宜其生长，迅速扩散开来，成为外来入侵植物，在海南湿地十分常见。

空心莲子草的学名种加词由 "philoxerus"（安旱苋属）+ "oides"（像）组成，而安旱苋属 "*Philoxerus*" 是由希腊语 "philos"（喜爱）+ "xeros"（干旱的）变化而来，意指该种常生长于干旱的生境，故又名喜旱莲子草。然而实际上空心莲子草属于水陆两栖植物，喜生于热带、亚热带沼泽、水沟等阳光充足的湿地生境，常簇生或大面积形成垫状物浮于水面上。

空心莲子草，因其茎中空而得名，又名空心苋。具有莲子草属的典型特征：多年生，植株匍匐上升，茎多分枝，节间较长；叶对生，边全缘；花小，两

● 空心莲子草

性，组成头状花序，苞片及小苞片干膜质，宿存；花被片5，干膜质；胞果不裂，边缘翅状。但其腋生的头状花序具长梗，为区别于其他同属物种的重要识别特征。头状花序白色，较小，在绿叶丛中如点点繁星，因此空心莲子草又被称作长梗满天星。因常生长在水边，叶片对生，似花生叶，嫩茎叶可作蔬菜食用，故有些地方称之为水花生、水雍菜和革命草。

据记载，空心莲子草的全草可药用，性寒，味苦，具有清热、凉血、解毒等功效，用于流行性乙型脑炎、麻疹等。正是因为这些用途，空心莲子草被引入我国种植后一发不可收拾，其生命力极其顽强，在污水生境生长茂盛。在自然状态下，主要通过贮藏根或克隆茎段进行无性繁殖，在湿润富含有机质的湿地甚至能形成数千平方米的居群。

我国长江流域以南引种栽培后繁殖速度快，已成为不可忽视的重要外来入侵种，甚至猪牛食后粪便中的茎节仍可繁殖，成为人们厌恶的杂草，被列为世界公认的恶性杂草之一。19世纪30年代开始，已成为美国、澳大利亚、中国等30多个国家的世界性入侵物种。我国2022年底公布的《重点管理外来入侵物种名录》中有入侵植物33种，空心莲子草名列其中。

● 空心莲子草

为了降低空心莲子草的入侵危害，人们先后采用人工铲除和化学除草等多种方法，耗费大量人力物力，都收效甚微。空心莲子草常常会在人为干扰较少的旷野湿地或水塘等蔓延。近年来，科研人员研究发现，其天敌主要有茶斑龟金花虫和双条长叶蚤，采用生物防治取得一定效果。

莲子草为莲子草属中唯一原生于我国的种类，但也有学者认为莲子草为野外逸生种。在我国主要见于长江流域以南，生在田边或沼泽、海边、村庄附近的草坡、水沟等潮湿处。相较于空心莲子草，莲子草要柔弱得多，根圆锥状，较粗，头状花序腋生，无总花梗，刚开始时为球形，后渐伸长成圆柱形，花密生，白色。莲子草俗名比较多，如水牛膝、节节花、白花仔、虾钳菜、满天星、水花生等。

海南湿地的外来物种中，还有一种华莲子草（*A. paronychioides*）也偶尔可见。该种原产中、南美洲，别名美洲虾钳菜，我国广东、海南和台湾有引种栽培，台湾称之为匙叶莲子草。与莲子草的主要区别为：茎匍匐，花被片背面有毛，退化雄蕊为正常雄蕊的1/2长。华莲子草暂未形成明显的入侵现象。

● 华莲子草

植物档案

空心莲子草，学名 *Alternanthera philoxeroides*，隶属于苋科莲子草属，为多年生草本，茎匍匐上升，不明显4棱，具分枝，叶片对生，矩圆状倒卵形，叶边全缘，叶柄长3~10毫米；花两性，密生成头状花序，单生叶腋，苞片及小苞片干膜质，宿存，花被片5枚，白色，干膜质，光滑无毛，胞果球形，不裂，边缘翅状。

入侵红树——无瓣海桑

如前所述，海桑是一类海南红树林常见的植物，隶属于千屈菜科，为真红树植物。海南主要有海桑、杯萼海桑、卵叶海桑等3个原生种以及海南海桑、拟海桑、钟才荣海桑等海南特有的3个自然杂交种。本文重点讲述的无瓣海桑（Sonneratia apetala）为引种栽培后逸为野生的外来入侵植物。

无瓣海桑的学名种加词来自拉丁文"apetalus"，意为"无花瓣的"。该种植物区别其他海桑的最典型特征为：小枝纤细下垂，叶片狭椭圆形。其花瓣完全退化，萼片4枚，内面绿色，花丝白色，多数，柱头膨大成蘑菇状，果较小，直径约2厘米。与其他海桑一样，无瓣海桑为非胎生红树，种子落地萌发，不具有"胎生现象"。果实中种子数量多，质轻而小。成熟后浆果落地不久后果肉变软，果皮开裂，释放出大量种子，种子和萌发了的幼苗具有一定的漂浮能力，一旦到达适宜地点就能定植和建立种群。在我国花期2~10月，果期6~11月，因此几乎常年可见花或果。

无瓣海桑原产孟加拉国、印度、缅甸和斯里兰卡等地，是我国东南沿海引种栽培最常见的红树林植物。1985年，无瓣海桑作为一种快速生长的树木从孟加拉国西南部的孙德尔本斯红树林引种在海南东寨港红树林，用于红树林区域的再造林。由于无瓣海桑的生长速度明显快于乡土红树植物，且结实率高，育苗简单，栽培容易，耐环境胁迫能力强，迅速成为我国东南沿海红树林修复的先锋树种，被广泛引种并应用于各地的红树林造林，目前已成为我国应用最广泛的外来红树植物。据统计，无瓣海桑造林面积占我国红树林总面积的17%，超过80%的人工红树林为无瓣海桑林。

　　2000 年以来，无瓣海桑被陆续引种至海南三亚、儋州和东方等地，并在澄迈、临高、文昌、万宁和三亚等红树林自然扩散。后来，引种至广东、广西、福建厦门、浙江等地后，也陆续出现自然扩散现象。无瓣海桑的结实率高，果实和种子在海水中的漂浮能力成为无瓣海桑短距离扩散传播的内在条件。一般说来，外来物种要成为入侵物种，必须具备物种的入侵性和生态系统的可入侵性两个方面。国内很多学者都在研究其种子萌发特性、幼苗抗逆性、遗传多样性等，并进行生态系统功能及其入侵潜力方面的全面评估。

　　无瓣海桑是红树林中的先锋树种，主要生长在海滩的前缘，部分可分布在林窗和林内空地。潮汐淹水时间延长和淹水频繁是红树林面临的最突出环境胁迫。无瓣海桑因速生、植株高大等优势，在中低潮间带的长时间淹水环境中具有明显的生存优势。低温是限制红树林北移的主要因子，嗜热性植物无瓣海桑在我国表现出很好的低温适应性，使其引种造林区域不断北移，具有较强的竞争能力。

　　自然杂交在外来种成功入侵中起着重要作用。外来物种与本地近缘种之间的杂交，将改变乡土植物的遗传多样性，导致本地物种的遗传侵蚀。叶绿体 DNA 研究表明，引种到海南的无瓣海桑"基因"十分强大，在自然条件下，作为父本与杯萼海

● 无瓣海桑

● 无瓣海桑

植物档案

无瓣海桑，学名 *Sonneratia apetala*，隶属于千屈菜科海桑属，为常绿大乔木，高可达15~20米，具笋状呼吸根，可长达1.5米，小枝下垂，单叶对生，厚革质，叶片狭椭圆形至披针形，长5~13厘米，宽1.5~4厘米，基部楔形，先端钝，叶柄长0.5~1厘米。聚伞花序，花萼4裂，三角形，绿色，无花瓣，花丝白色，柱头盾状，浆果球形，直径2~2.5厘米。

桑（母本）杂交形成了海南特有的自然杂交种钟才荣海桑。该杂交种于2018年由钟才荣等人在海南东寨港红树林保护区发现，并于2020年命名发表。

钟才荣海桑具有无瓣海桑花瓣退化的最典型特征。由此进一步证明，无瓣海桑具有明显的入侵风险，专家建议列入海南外来入侵种。

此外，我国引种的红树林植物中还有一种名叫拉关木的真红树植物，隶属于使君子科对叶榄李属，前面有初步介绍。该种原产中南美洲、西非热带及亚热带地区。1999年从墨西哥引种至海南东寨港红树林区，后来陆续引种到海南其他地方以及广东、福建、广西等地。由于生长迅速，结实率高，种子发芽率高，易于实现大量人工育苗，在我国东南沿海大量种植。

由于长势旺盛，易于繁殖，已经发现其扩散进入本地红树林的现象，其分布面积有接近无瓣海桑的趋势，近年来已引起学者的高度关注。中山大学对海南引种的拉关木研究发现，拉关木对环境胁迫具有较高的耐受性，导致其快速传播，并出现明显扩张趋势，还会分泌化感物质，抑制乡土物种桐花树（即蜡烛果）的生长，有可能会造成外来入侵，需要引起足够关注。

美洲之花——南美蟛蜞菊

如果说无瓣海桑和拉关木是否列为外来入侵植物还有争议的话，那么菊科植物南美蟛蜞菊（*Sphagneticola trilobata*）、微甘菊（*Mikania micrantha*）、鬼针草（*Bidens pilosa*）、马鞭草科的马缨丹（*Lantana camara*）、豆科的田菁（*Sesbania cannabina*）等则毫无疑问为我国外来入侵种的典型代表物种，在海南十分常见。

菊科的蟛蜞菊属全世界仅有4种，我国有记录2种。其中，仅蟛蜞菊（*S. calendulacea*）为我国（福建、广东、辽宁和台湾）原生种。南美蟛蜞菊为我国引种但后来逸为野生种成为南方常见的外来入侵种。该种在海南湿地十分常见。

南美蟛蜞菊，别名三裂叶蟛蜞菊、穿地龙、地锦花等，原产热带美洲，为蟛蜞菊属的外来入侵植物。茎横卧地面，长可达2米以上，叶片对生，具明显3裂，故又名三裂叶蟛蜞菊，学名种加词"*trilobatus*"（三浅裂的），即为此意。其具有菊科植物的典型头状花序和瘦果，花黄色，外面一圈为舌状花，舌片顶端2~3齿裂，花单性，为雌花，中间全部为能结实的两性花，管状；下面的总苞2层，覆瓦状排列，绿色。

南美蟛蜞菊的花果期几乎为全年，花色金黄，叶色翠绿，具有良好的观赏价值，最初作为观赏地被植物被引入我国，用于路边、花台或水岸边种植观赏，或用于水土保持，作为护坡、护堤的覆盖植物。

● 蟛蜞菊

南美蟛蜞菊 ●

近年来，科研人员在广州发现蟛蜞菊属一种新的自然杂交种——广东蟛蜞菊（*Sphagneticola × guangdongensis*），是由蟛蜞菊（母本）和南美蟛蜞菊（父本）自然杂交产生。广东蟛蜞菊叶片椭圆形，3浅裂，为蟛蜞菊和南美蟛蜞菊的中间过渡类型，并表现出了父本南美蟛蜞菊的潜在入侵特性，出现侵占其母本蟛蜞菊地盘的趋势。该种目前在广东佛山、广州、肇庆和珠海等多地都有发现。由此可见，南美蟛蜞菊不仅具有很强的扩散能力，还具有很强的遗传渗透能力。

南美蟛蜞菊喜欢生长在高温高湿且阳光充足的环境，能耐贫瘠，不耐寒，在我国华南热带地区逸为野生种，海南湿地路边极为常见。由于繁殖能力强，严重挤占本地植物的生存空间，威胁着本地生态系统的安全，已成为典型的入侵植物。

植物档案

南美蟛蜞菊，学名 *Sphagneticola trilobata*，隶属于菊科蟛蜞菊属，为多年生草本，茎横卧地面，叶片对生，3裂，头状花序多单生，黄色，外围1层为雌花，舌状，顶端2~3齿裂，中央为两性花，结实，瘦果。

南美蟛蜞菊

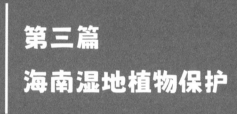

第三篇
海南湿地植物保护

物种多样性是生物多样性的基本组成成分，是链接遗传多样性、群落多样性以及生态系统多样性的关键纽带。保护生物多样性首先从保护物种多样性开始。

一般说来，物种的灭绝有内在因素和外在因素。内在因素包括物种自身生存和繁衍能力下降，不能适应外在环境；外在因素主要有自然气候、土壤、其他生物包括人的干扰等。从理论上讲，每个物种都有从产生、发展、繁盛、衰退和灭绝的过程，这是一种自然规律。但随着人类对自然的侵占和越来越多的干扰，人为的影响逐渐成为导致物种濒危灭绝的主要原因，并且严重加剧了物种的灭绝速度。

海南岛为我国第二大岛屿，拥有我国最大最完整的热带雨林和湿地，孕育了极其丰富多样的物种。其特有的环境条件，产生了很多特有的生物物种，同时也有相当多的物种因岛屿隔离而濒危。因此，海南已经成为我国生物多样性保护的最关键地区之一。

近年来，我国提出"野生植物极小种群"的概念，意指其种群数量少、生境退化或呈破碎化分布、受人类干扰严重、面临极高灭绝风险，成为我国需优先保护的类群。2011年，国家林业局出台《全国极小种群野生植物拯救保护工程规划（2011—2015年）》，提出了120种极小种群野生植物，其中海南有24种被列入，包括湿地植物红榄李和海南海桑。

海南湿地拥有极其独特的珍贵植物资源，包括红榄李、华南飞瀑草、鹦哥岭飞瀑草、道银川藻、水菜花、海菜花、龙舌草、水蕨、邢氏水蕨、野生稻、疣粒稻、药用稻、莲叶桐、水椰等14种国家级重点保护的野生植物，以及水角、抱茎白点兰等我国分布范围极其狭窄的物种。

生物多样性的保护通常采取就地保护、迁地保护和离体保存等多种形式。海南湿地的就地保护，包括湿地环境的保护和濒危物种在原始生境的保护，以建立自然保护区为主要形式。迁地保护主要针对数量极少的濒危物种，采取少量引种栽培、种苗扩繁以及野外回归、种群复壮，以扩大濒危物种的生存个体数量。与此同时，保护人员还会将濒危物种的花粉、种子甚至基因等含有物种关键信息的种质资源进行离体保存，以备需要时使用。植物园等科研院所成为濒危物种迁地保护和离体保存的诺亚方舟。

海南岛海岸线长约1800公里，沿海基干林带面积28600公顷。自20世纪50年代起，逐步构建了以木麻黄为主的沿海防护林带。其中红树林面积5724公顷，主要分布在海口、文昌、琼海等12个沿海市县，是我国红树植物种类最丰富的地方，分布有我国全部红树植物种类。除红树植物外，常见的海防林乡土树种还有椰子、榄仁、红厚壳和黄槿等。

海南湿地植物亟须保护。以我国国家二级重点保护植物莲叶桐为例。海南岛的野生莲叶桐分布于自然保护地范围之外，毗邻村庄，受很强的人为干扰，生存状态不容乐观，野生莲叶桐种群增长速度较为缓慢。因此，需要对于郁闭度较高的海岸阔叶林进行疏伐，为幼龄莲叶桐生长营造适宜的生长环境，采用积极的就地保护措施。同时，对莲叶桐进行人工扩繁，合理推广应用，并开展回归种植，建立种群交流通道。还可引种至海南沿海防护林中，构建多层次、多树种、稳定性高的沿海混交防护林，改善海南防护林的生态效益。

　　海南滨海湾沿海美丽的海岸线上，生长着成片的红树林。它们牢牢扎根海岸边淤泥中，四季常青，能防风、防浪和护堤，成为海岸防护林的主要树种和盐土指示植物。红树林植物在净化海水、防风消浪、固碳储碳、维持生物多样性等方面发挥着重要作用，有"海岸卫士""海洋绿肺"之美誉，也是珍稀濒危水禽的重要栖息地，鱼、虾、蟹、贝类生长繁殖场所。

　　被誉为"海上森林"的红树林具有不可估量的价值，但数十年来，由于气候变化和人类活动的双重威胁，红树植物的分布面积迅速减少，已有35%~85%的红树林居群收缩。极低的遗传多样性，导致了红树林的脆弱性和极低的环境适应能力。人类对滨海湿地的破坏，如挖塘养殖、修建海浪防护堤、海滨度假村建设，严重影响红树林的生长。

　　据记载，十余年前的海南沿海曾经经历过一场"红树林之殇"。东寨港上百亩红树林"离奇"死亡，原本苍翠的树叶变得枯黄，枯死树枝布满虫眼。是什么原因导致的呢？调查研究表明，由于周边污水处理不当，海水中氮含量上升，水中浮游生物增加，导致红树林死亡的元凶——团水虱爆发式繁殖，对红树林植物造成极大破坏。而且周边水稻光长秆不长穗，导致千亩农田被废，损失极大。后来经过海南环保局的大力整治，才恢复了生机勃勃的红树林湿地景观。目前，海南东寨港已被纳入《中国国际重要湿地名录》，进行重点保护。

　　中国自1992年加入《湿地公约》以来，颁布了《湿地保护法》和《湿地保护修复制度方案》，发布《中国国际重要湿地生态状况白皮书》，积极开展湿地保护修复，加强外来物种防控，使得我国的湿地生态状况得到了持续改善，湿地功能和价值得到了充分发挥。我国将不断提高湿地管理能力，开展湿地保护活动，提高公众保护意识，推动全球湿地可持续发展。

　　道阻且长，行则将至。行而不辍，未来可期。

参考文献

陈耀东, 马欣堂, 杜玉芬, 等. 中国水生植物 [M]. 郑州: 河南科学技术出版社, 2012.

陈明林, 游亚丽, 张小平. 花柱异型研究进展 [J]. 草业学报, 2010, 19(1)226-239.

丁广奇, 王学文. 植物学名解释 [M]. 北京: 科学出版社, 1986.

方赞山, 袁浪兴, 卢刚. 海口湿地: 羊山湿地植物图鉴 [M]. 海口: 南海出版公司, 2018.

方赞山, 钟才荣, 王文卿, 等. 海南岛濒危半红树植物莲叶桐 *Hernandia nymphaeifolia* 资源现状与种群动态特征 [J]. 广西科学, 2022, 29(4): 793-800.

国家林业和草原局、农业农村部公告. (2021年第15号) 国家重点保护野生植物名录 [EB/OL]. 国家林业和草原局政府网 (2021-09)[2023-07-08]. https://www.forestry.gov.cn/c/www/lczc/10746.jhtml.

国家林业局. 中国湿地资源 (总卷)[M]. 北京: 中国林业出版社, 2015.

何松, 胡艳华, 刘琴, 等. 波缘水蕹, 中国水蕹科一新记录种 [J]. 热带亚热带植物学报, 2021, 29(3): 311-316.

梁惠婷, 申益春和王銮凤. 海南水菜花群落特征和植物多样性研究 [J]. 热带农业科学. 2023, 3: 11-21.

李亚茹, 云英英, 范秋云, 等. 海南岛野生延药睡莲资源调查研究 [J]. 热带作物学报, 2022, 43(7): 1375-1381.

牟村, 刘文剑, 郑希龙, 等. 海口市外来入侵植物现状及防控对策 [J]. 亚热带植物科学, 2020, 49(5): 389-397.

毛伟, 赵杨赫, 何博浩, 等. 海草生态系统退化机制及修复对策综述 [J]. 中国沙漠. 2022, 1: 87-95.

农业农村部、自然资源部、生态环境部、住房和城乡建设部、海关总署和国家林草局. 公告第567号. 重点管理外来入侵物种名录 [EB/OL]. (2022-12)[2023-08-07]. http://huhehaote.customs.gov.cn/haikou_customs/jzkjjdyc/zcfg784/4806741/index.html.

潘富俊. 唐诗植物图鉴 [M]. 上海: 上海书店出版社, 2003.

谭策铭, 刘博. 拉汉常见植物分类学词汇 [M]. 北京: 中央民族大学出版社, 2017.

王文卿, 石建斌, 陈鹭真, 等. 中国红树林湿地保护与恢复战略研究 [M]. 北京: 中国环境出版集团, 2021.

邢福武. 海南植物物种多样性编目 [M]. 武汉: 华中科技大学出版社, 2012.

严岳鸿, 周喜乐. 海南蕨类植物 [M]. 北京: 中国林业出版社, 2018.

杨东梅, 吴友根. 海南东部城市野生花卉图鉴 [M]. 北京: 中国林业出版社, 2020.

杨小波, 陈玉凯, 李东海, 等. 海南珍稀保护植物图鉴与分布特征研究 [M]. 北京：科学出版社, 2016.

叶彦, 叶国梁, 陈柏健, 等. 香港水生植物图鉴 [M]. 香港：渔农自然护理所, 2015.

周晓旋, 蔡玲玲, 傅梅萍, 等. 红树植物胎生现象研究进展 [J]. 植物生态学报, 2016, 40(12): 1328–1343.

赵紫华. 入侵生态学 [M]. 北京：科学出版社. 2021.

中国生物多样性委员会. 中国生物物种名录（2023 版）[EB/OL]. (2023–05)[2023–10–21]. http://www.sp2000.org.cn/CoLChina.

HE Z X, LI T Z, ZHENG X L, et al. The complete chloroplast genome sequence of *Thrixspermum amplexicaule* (Orchidaceae, Aeridinae) [J]. Mitochondrial DNA Part B, 2021, 6(10): 3036-3037.

LI H M, CHEN R, YANG Q E, et al. A new natural hybrid of *Sphagneticola* (Asteraceae, Heliantheae) from Guangdong, China[J]. Phytotaxa, 2015, 221(1): 071-076.

LIN Q W, LU G, LI Z Y. Two new species of Podostemaceae from the Yinggeling National Nature Reserve, Hainan, China[J]. Phytotaxa, 2016, 270(1): 049-055.

MONDAL S, GHOSHL D, RAMAKRISHNA K. A Complete Profile on Blind-your-eye Mangrove *Excoecaria agallocha* L.(Euphorbiaceae): Ethnobotany, Phytochemistry, and Pharmacological Aspects[J]. Pharmacognosy Reviews, 2016, 10(20): 123-138.

PELLEGRINI M O O, HORN C N, ALMEIDA R F. Total evidence phylogeny of Pontederiaceae (Commelinales) sheds light on the necessity of its recircumscription and synopsis of *Pontederia* L[J]. PhytoKeys, 2018, 108: 25-83.

YU J H, ZHANG R, LIU Q L, et al. *Ceratopteris chunii* and *Ceratopteris chingii* (Pteridaceae), two new diploid species from China, based on morphological, cytological, and molecular data[J]. Plant Diversity, 2022, 44: 300-307

ZHANG R, YU J H, SHAO W, et al. *Ceratopteris shingii*, a new species of *Ceratopteris* with creeping rhizomes from Hainan, China[J]. Phytotaxa, 2020, 449(1): 023-030.

ZHONG C R, LI D L, ZHANG Y. Description of a new natural Sonneratia hybrid from Hainan Island, China[J]. PhytoKeys, 2020, 154: 1-9.

ZHOU Y D, XIAO K Y, HU G W, et al. Reappraisal of *Nymphoides coronata* (Menyanthaceae), a 100-year-lost species endemic to South China[J]. Phytotaxa, 2014, 184(3): 170 – 173.